国家社会科学基金项目资助
中国海洋大学一流大学建设专项经费资助

我国食品安全认证与追溯耦合监管机制研究

陈雨生　著

中国财经出版传媒集团

经济科学出版社
Economic Science Press

图书在版编目（CIP）数据

我国食品安全认证与追溯耦合监管机制研究/陈雨生著.
—北京：经济科学出版社，2017.4
ISBN 978 - 7 - 5141 - 7767 - 1

Ⅰ.①我… Ⅱ.①陈… Ⅲ.①食品安全 - 质量管理体
系 - 研究 - 中国 Ⅳ.①TS201.6

中国版本图书馆 CIP 数据核字（2017）第 028114 号

责任编辑：周国强 程辛宁
责任校对：王苗苗
责任印制：邱 天

我国食品安全认证与追溯耦合监管机制研究

陈雨生 著

经济科学出版社出版、发行 新华书店经销
社址：北京市海淀区阜成路甲 28 号 邮编：100142
总编部电话：010 - 88191217 发行部电话：010 - 88191522
网址：www. esp. com. cn
电子邮件：esp@ esp. com. cn
天猫网店：经济科学出版社旗舰店
网址：http://jjkxcbs. tmall. com
北京汉德鼎印刷有限公司印刷
三河市华玉装订厂装订
710×1000 16 开 15 印张 250000 字
2017 年 4 月第 1 版 2017 年 4 月第 1 次印刷
ISBN 978 - 7 - 5141 - 7767 - 1 定价：58.00 元
（图书出现印装问题，本社负责调换。电话：010 - 88191510）
（版权所有 侵权必究 举报电话：010 - 88191586
电子邮箱：dbts@ esp. com. cn）

前　言

　　随着城市化进程的不断加速，在消费者需求及利润追逐动力的驱使下，全球食品工业快速向密集化生产方式演变，农业生产趋向于追求产量、外观、藏储功能等商业特征，食品安全等内在特征难以保证，食品安全事故频频上演，食品安全问题成为世界各国共同关注的焦点。在此背景下，食品安全认证体系与追溯体系成为食品安全管理的重要工具，在规避食品安全风险、减少信息不对称、净化食品市场环境等方面发挥了巨大作用，但两者在监管方面都存在各自的不足，影响其运行效率。因此，探索食品安全认证与追溯体系的耦合监管，扬长避短，整合监管资源，提高监管效率，促进食品安全认证与追溯体系紧密配合、相互支撑、相辅而行，从而共同保障食品安全，对于食品安全管理具有重要意义。

　　本书基于信息经济学、供应链管理理论、计量经济学、实验经济学和公共选择理论，在对我国食品安全认证体系与追溯体系的发展现状、问题进行总结的基础上，首先，对食品安全认证与追溯耦合监管背景下的利益主体行为进行计量经济学模型分析；其次，对利益主体间的博弈均衡关系进行研究；最后，设计并实施经济学实验，模拟并检验食品安全认证与追溯耦合监管中主体的博弈行为，为食品安全认证与追溯耦合监管机制的构建提供理论支持和客观依据。

　　具体研究内容包括：第一，总结国内食品安全认证体系与追溯体系的发展现状与问题。第二，分析耦合监管下的利益主体（包括农户、企业、超市和消费者）行为。在农户行为方面，基于东北、华东、华南3个样本区域

368 份农户样本，运用 Ordered Logistic 模型，分析了农户传递可追溯信息和利用认证标准规范可追溯信息的行为；在食品企业行为方面，对典型食品企业参与耦合监管体系的行为进行了案例分析；在超市行为方面，基于东北、华北、华南 3 个样本区域 283 份超市样本，运用 Ordered Logistic 模型，分析了超市对认证与追溯体系耦合属性食品的经营行为；在消费者行为方面，基于东北、华北、华南、华东 4 个样本区域 614 份消费者样本，运用 Ordered Logistic 模型，分析了消费者对认证与追溯耦合属性食品的购买意愿。第三，构建认证机构—企业、认证机构—企业—农户、认证机构—企业—监管者（监管部门、消费者）三个博弈模型，从不同的角度分析利益主体之间的博弈制衡关系。第四，在博弈分析的基础上，运用实验经济学方法，设计并实施经济学实验，对食品安全认证与追溯耦合监管中主体的博弈行为进行模拟，观察在实验中博弈主体的行为选择及主体间的相互作用，检验博弈模型分析结果。第五，在利益主体行为及博弈制衡关系分析的基础上，分析我国安全认证与追溯体系监管环境特征、利益主体特征，构建食品安全认证与追溯耦合监管机制。

本书得出的主要结论是：第一，专业机构可追溯信息监管有效性、下游主体监管和可追溯信息的作用、是否签订订单等变量影响到农户可追溯信息传递行为，认证标准的需要程度、可追溯信息反映生产情况等变量影响到农户利用认证标准规范可追溯信息的积极性。第二，预期收益、成本、政府政策等因素影响到企业对耦合监管体系的参与行为。第三，认证与追溯耦合属性食品的经营利润、认证与追溯体系认知度、供货商信用注重度等变量影响到超市对认证与追溯耦合属性食品的经营积极性。第四，耦合监管有效度、责任人重要性、绿色消费文化认可度等变量影响到消费者对认证与追溯耦合属性食品的购买积极性。第五，在耦合监管背景下主体间的博弈行为中，认证机构与企业间的相互作用是核心。第六，消费者是形成食品安全认证与追溯耦合监管动力机制的重要主体。第七，溯源追责功能是形成食品安全认证与追溯耦合监管约束机制的重要力量。第八，耦合监管机制的形成并有效运行，体制和制度是基础，各主体间相互作用是关键。

本书的特色与创新在于：第一，理论新颖性。在食品安全认证与追溯体系各自发展并面临监管难题的背景下，提出食品安全认证与追溯耦合监管，突破了以往研究中单独分析食品安全认证、追溯体系监管的局限，为食品安全管理理论研究提供新的思路。第二，食品安全认证与追溯耦合监管涉及多个利益主体，而不同利益主体与耦合监管密切相关的行为的主要因素将是认证与追溯耦合监管的重点所在。因此，将食品安全认证与追溯耦合监管中不同利益主体的行为作为切入点进行研究，以构建有效的认证与追溯耦合监管机制，本身具有创新性。第三，方法先进性。本书尝试将实验经济学方法应用于食品安全监管研究，在方法上具有一定的先进性。

目　录
CONTENTS

第1章 绪 论

1.1　研究背景及研究意义

随着城市化进程的不断加速，在消费者需求及利润追逐动力的驱使下，全球食品工业快速向密集化生产方式演变，农业生产趋向于追求产量、外观、藏储功能等商业特征，食品健康及安全等内在特征难以保证，食品安全事故频频上演，食品安全问题成为世界各国共同关注的焦点。国际上，疯牛病（BSE）、口蹄疫、沙门氏菌病、二噁英污染、苏丹红事件等食品安全问题不断挑战消费者信心及监管部门权威；国内，多宝鱼、三聚氰胺、毒豇豆、瘦肉精、毒生姜等重大食品安全事故严重影响国民经济及人民健康。我国食品工业"十二五"发展规划指出，每年都有大量的食源性疾病发生，不发达国家每年约有 220 万人死于食源性腹泻，发达国家每年仍约有 1/3 的人感染食源性疾病，保障食品安全已经成为世界各国的共同难题。

在此背景下，消费者在选购食品时越来越关注食品安全特征。食品安全认证、追溯体系作为传递食品安全信息的重要政策工具，成为缓解食品市场信息不对称和增强消费者信心的有效手段。我国从 20 世纪 90 年代开始推行食品安全认证，经过多年的发展，在体系建设、标准制定、技术开发、程序管理、市场运作等方面都积累了丰富的经验，投入了大量的资源和成本，初步形成以无公害食品安全认证为重点、绿色食品认证为先导、有机食品认证为补充的"三位一体、整体推进"的食品安全认证体系（张利国，2006）。截至 2012 年，我国无公害农产品产地76686 个，其中种植业产地面积约占全国耕地面积的 49%。截至 2014 年底，绿色食品企业总数达 8700 家，产品 21153 个，同比增长了 13.1% 和10.9%；有效使用有机产品标识的企业达到 814 家，产品 3342 个，同比增长 11.4% 和 8.5%。[①]与此相应的管理体系，包括认证体系、执法监督体系、标准体系、监测检验体系、科技推广体系、信息体系等也在迅速发

---

① 中国发展网.2014 年我国绿色食品企业总数为 8700 家［EB/OL］.http：//www.ceh.com.cn/UCM/wwwroot/development/sz/gn/2015/01/848801.shtml，2015 – 01 – 20.

展。然而，由于认证食品信息的不完全和不对称，难以对认证食品进行追踪管理，更难以对认证机构的行为进行有效监督，食品安全认证体系的发展依然面临较大挑战。

另外，为有效管理食品安全、提升消费者信心，近年来，美国、欧盟、澳大利亚、日本、加拿大等国家都通过建立食品安全追溯体系来对食品生产、供应及消费进行全面管理，力图实现对食品进行全程监管，降低食品安全问题暴发风险，力求在食品安全问题发生时能够快速找到问题食品来源，高效处理食品安全事件（吕凌云等，2014；Aung et al，2014；Menozzi et al，2015）。我国的食品安全追溯体系建设工作也在不断推进。我国于2009 年实施的《食品安全法》对食品的生产、加工、包装、采购等供应链各环节提出了建立信息记录的法律要求。随后陆续出台的《食品可追溯性通用规范》《食品追溯信息编码与标识规范》和《食品冷链物流追溯管理要求》等一系列国家标准，不断推进我国食品安全追溯标准体系建设。为强化食品安全，我国《食品工业"十二五"发展规划》把建立食品安全追溯体系作为发展任务写入规划。2010 年，中央财政支持有条件的城市进行肉类蔬菜流通追溯体系建设试点，经过几年的努力，各个试点城市均在不同程度上取得显著成效。之后，"中央一号文件"不断强调推进食品安全追溯体系建设，其中，2015 年"中央一号文件"提出"建立全程可追溯、互联共享的农产品质量和食品安全信息平台"。尽管如此，我国食品安全追溯体系建设仍处于起步阶段，在制度保障、体制支撑、信息共享、资源投入、技术支持、市场环境等方面都还有所欠缺，可追溯信息的有效监管更是面临诸多困难。

食品安全认证体系与追溯体系已经成为食品安全管理的重要政策工具，两个体系的建设和发展均已花费较大投入，在规避食品安全风险、减少信息不对称、净化食品市场环境方面发挥了重要的作用，但两者在监管方面都存在各自的不足，影响其运行效率。在此背景下，探索食品安全认证与追溯体系的耦合监管，扬长避短，整合监管资源，提高监管效率，促进食品安全认证与追溯体系紧密配合、相互支撑、相辅而行，从而共同保障食品安全，对于食品安全管理具有重要意义。

1.2　国内外研究现状综述与评价

1.2.1　食品安全认证和追溯体系的内涵研究

食品安全认证体系是食品安全公共管理的重要内容。认证的理论依据是信号发送机制，通过认证机构进行过程及产品认证，从而建立信任机制（Canavari，Pignatti and Spadoni，2006；王常伟和顾海英，2012）。认证并不能自然而然地克服信任品的信息不对称困境，认证体制能否有效发挥功能，消费者对认证标识及其背后含义的认知起到关键作用（Janssen and Hamm，2011）。可靠的食品安全信息和认证是消费者食品安全需求的重要决定性因素，是消费者支付能力转化为支付意愿的必要保证（Birol，Roy and Torero，2010）。认证能够减少垂直供应链主体之间由于信息不对称而产生的不确定性和高交易成本，在食品市场中成为食品安全的可靠信号传递制度，然而认证的可靠性关键在于认证机构的客观性和独立性（Tanner，2000；Deaton，2004；Manning and Baines，2004；Busch et al，2005；Gulbrandsen，2014），随着市场中认证机构数量的增长及机构间竞争的日趋激烈，其客观性将会受到影响（Anders，Monteiro and Rouviere，2007），认证体系容易产生机会主义行为（Jahn，Schramm and Spliller，2005）。

追溯体系是一个主要用于使食品拥有不同特征从而区别于其他食品的记录系统（Golan，2004；Pizzuti et al，2014），或者可以认为追溯体系是一个持续更新食品沿供应链流动所处位置和条件的信息系统（Souza - Monteiro and Hooker，2013）。格兰（Golan，2004）从宽度、深度、精度三个维度描述追溯体系，宽度描述可追溯系统记录信息的数量，深度描述可追溯系统的前向或后向的追踪度，精度描述可追踪系统能够精确查找某种食品动态或特征的确信度。皮祖蒂等（Pizzuti et al，2014）描述了不同类型食品的可追溯体系，并介绍了 FTTO 体系对于可追溯信息记录的重要作用。追溯体系由产品路线和有效追溯范围两部分组成（Moe，1998）。叶俊焘

（2012）认为安全可追溯行为实质上是一种供应链的纵向协作机制。刘圣中（2008）提出，可追溯机制是包括生产者、流通者、消费者和政府监管等要素在内的一个信息记录体系，其主要目标是建立全方位的信息跟踪机制，其逻辑是以信息、风险和信任三大要素为基础建立起相应的信息风险责任机制。追溯体系主要有三个功能：第一，在食品安全问题事件中促进产品的回溯；第二，加强侵权责任方面的法律效力，更好地刺激企业生产安全食品；第三，对质量验证的"预先购买"，通过信任特征的标识减少消费者的信息成本（Hobbs，2005）。从长期来看，追溯体系的实施可以提高食品行业安全水平，并能提高社会福利水平（山丽杰、徐旋和谢林柏，2013）。但是，追溯体系可追溯功能的有效发挥依赖于可追溯信息的真实可靠性（房景瑞，2012）。

1.2.2　食品安全认证和追溯体系相关利益主体行为研究

1.2.2.1　食品安全认证和追溯体系下生产经营者行为研究

在食品安全认证体系方面，国内学者对农户和企业行为都做了相关的研究。王常伟和顾海英（2012）指出农产品生产者在食品安全认证与生产过程中存在道德风险，会造成食品安全认证信号发送失真。针对农户行为，较多学者对农户选择生产安全认证食品的意愿、农户在安全认证食品生产中的安全控制行为和机会主义行为及影响因素进行了研究（张利国，2006；张婷，2013；周荣华和张明林，2013；朱晨冉，2014；Nandi et al，2015）。徐迎军等（2014）通过对山东省寿光市 785 名有机蔬菜生产农户的调研发现，农户的环境保护意识、有机技术的可得性、受教育程度等因素对农户的有机蔬菜生产意愿有正向影响。南迪等（Nandi et al，2015）探究了印度南部小家庭农户的有机水果和蔬菜生产意愿，结果发现，经济市场的需求、政府支持等因素有利于农户提高生产有机水果和蔬菜积极性。张婷（2013）认为，对农户与企业合作的评价是农户决定是否实施质量控制的重要因素。陈雨生、乔娟和闫逢柱（2009）研究发现，企业是促使菜农实行优质生产的推动力量。针对企业行为，主要从企业实施食品安全认证的动机、意愿、认证成本及收益等方面进行分析（杨易，2011；张婷，2013）。

在食品安全追溯体系方面，食品生产加工企业在整个农产品供应链中处于核心位置，在农产品安全追溯制度建设中起着举足轻重的作用（杨秋红和吴秀敏，2009），是安全追溯体系建设的核心主体（叶俊焘，2012）。国内外学者主要从生产经营者实施食品安全追溯体系的行为动机、意愿及影响因素、成本收益及绩效等方面进行研究（Golan et al，2004；Theuvsen and Hollmann－Hespos，2005；元成斌，2009；陈芳和姜启军，2011；元成斌和吴秀敏，2011；胡求光、童兰和黄祖辉，2012；周洁红、陈晓莉和刘清宇，2012；谢筱、吴秀敏和赵智晶，2012；吴林海、秦毅和徐玲玲，2013；徐玲玲、刘晓琳和应瑞瑶，2014）。元成斌（2009）调查研究发现，提高产品质量、降低食品安全风险、实现产品和同类产品差异性、满足消费者需求等是企业实施追溯体系的主要动机。谢筱、吴秀敏和赵智晶（2012）认为企业建立追溯体系是内部与外部驱动力两者共同作用的结果，但外部驱动力是促使企业建立追溯体系的主导因素。尽管食品生产者意识到追溯体系是保证产品安全的一个有用工具，但是，他们对于追溯体系的投资动机主要来源于外部压力（Theuvsen and Hollmann－Hespos，2005）。周洁红、陈晓莉和刘清宇（2012）也认为企业缺乏经济动力自愿实施追溯体系，下游的顾客及同行竞争者等利益相关者对企业实施追溯体系的推动作用也不足，政府及主管部门是企业实施追溯体系的主要推动力。但是，格兰等（Golan et al，2004）在美国的调查研究发现，追溯体系的发展更多的依赖经济激励，而不是政府管理，企业实施追溯体系以提升供应链管理、增强安全与质量控制、增加食品信任特征，从而降低流通成本、减少召回费用、扩大高端产品的销售，这些方面的收益驱动追溯体系在食品供应链中广泛发展，但是，在某些情况下，追溯体系的私人成本收益与社会成本收益不同，以至于追溯体系的私人供给低于社会需求水平。

1.2.2.2　食品安全认证和追溯体系下消费者行为研究

国内外学者对食品安全认证体系下的消费者行为研究主要集中于消费者对安全认证食品的认知及信任、购买行为方面（Doherty and Campbell，2014；Janssen and Hamm，2011；Maya，López－López and Munuera，2011；

陈雨生和乔娟，2009；刘增金和乔娟，2011；陈雨生、乔娟和李秉龙，2011；王二朋和周应恒，2011；王常伟和顾海英，2012；尹世久、陈默和徐迎军2012；陈雨生，2013；尹世久等，2013；尹世久，2013；Yu, Gao and Zeng，2014）。有学者调研了英国消费者，发现该地区消费者对认证食品较为认可（Doherty and Campbell，2014）。消费者对不同认证机构的认证标识认知及支付意愿不同，消费者更倾向于为那些知名度更高、执行标准及控制系统更严格的认证标识支付更高价格，因此，认证机构应注重市场沟通及公共关系，从而提升消费者对认证标识的关注意识及良好认知（Janssen and Hamm，2011）。而且，消费者对检测与认证机构的信任关系到实施食品安全认证制度的有效性，消费者对检测与认证机构的信任能够提高消费者对认证食品的购买意愿（陈雨生、乔娟和李秉龙，2011；陈雨生，2013）。在我国，消费者对认证食品的认知水平还较低，对绿色食品及绿色食品标识的认知非常有限，低水平认知影响其对绿色食品信号的一致判断，最终使绿色食品安全认证制度的有效性受到冲击（王常伟和顾海英，2012）。年龄和收入对我国消费者的绿色食品购买意愿也具有重要影响（Yu, Gao and Zeng，2014）。尹世久等（2013）指出，消费者信任缺失成为制约我国安全认证食品市场发展的瓶颈，提高消费者信任成为促进安全认证食品发展亟待解决的关键问题。

在食品安全追溯体系方面，消费者是追溯体系的最终推动者（赵卫红和刘秀娟，2013），消费者对可追溯产品的偏好是追溯体系良性运行的关键（费亚利，2012），是追溯体系产生责任激励的动因，促进追溯体系作用机制的发挥（赵智晶和吴秀敏，2013）。国内外学者对消费者的可追溯食品认知及态度、支付意愿及购买行为进行了大量的研究（Verbeke et al，1999；Hobbs et al，2005；Dickinson and Bailey et al，2005；Verbeke et al，2006；Rijswijk and Ferewer，2006；Trautman et al.，2008；Zhang，Bai and Wahl，2012；vander、Bosman and Ellis，2014；王锋等，2009；赵荣、乔娟和孙瑞萍，2010；吴林海、徐玲玲和王晓莉2010；周静和房瑞景，2011；尚旭东、乔娟和李秉龙，2012；赵智晶和吴秀敏，2013；赵卫红和刘秀娟，2013；朱淀、蔡杰和王红纱，2013；吴林海、王淑娴和Hu，2014）。有学者研究了德国、法国、意大利、西班牙的消费者，表明食品可追溯性与食品安全密切相关，能够有效增强消费者信心（Rijswijk and Ferewer，2006）。霍布斯等（Hobbs et al.，2005）研究了加拿大消费者对可追溯性肉类食品的态度，指出把可追溯性与质量验证结合起来会更有价值，消费者对没有附加质量保证的可追溯性食品支付意愿不高，事前的质量验证（如食品质量保证或者动物福利保证等）对消费者更有用。有学者研究了南非消费者，发现消费者对可追溯信息标签较为重视，大部分消费者愿意为带有可追溯信息标签的食品支付更高价格（vander，Bosman and Ellis，2014）。而对国内消费者的研究则发现，消费者对食品安全追溯体系的认知程度不高，多数消费者对可追溯食品缺乏基本认知了解，可追溯食品消费前景不明朗（王锋等，2009；赵荣、乔娟和孙瑞萍，2010；吴林海、徐玲玲和王晓莉2010；尚旭东、乔娟和李秉龙，2012）。不少研究表明消费者愿意为可追溯食品支付一定的溢价，但愿意承担的额外价格都不高（王锋等，2009；吴林海、徐玲玲和王晓莉，2010；吴林海、王淑娴和徐玲玲，2013）。而西班牙消费者认为食品安全应该是生产商必须做出的最低保证，而不应该让消费者承担成本（Angulo and Gil，2004）。

1.2.2.3　食品安全认证和追溯体系下监管者行为研究

食品安全认证体系中的监管者主要包括政府及认证机构。政府对安全认证食品生产行为的管理主要包括两个方面，一方面是如何加强对认证食品生产农户的安全控制，另一方面是如何提高普通农户选择安全认证食品生产的积极性（张利国，2006）。食品安全认证机构作为社会中介组织，在食品安全监管中起到重要作用（欧元军，2010），然而，认证机构在农产品安全认证过程中会出现与农产品生产企业合谋发布虚假认证信息、认证行为不规范、重认证轻管理等问题，而虚假认证行为与政府抽查概率、惩罚力度、消费者反应程度、农产品安全标准等因素有关（朱丽莉和王怀明，2013）。在食品安全追溯体系中，政府是食品安全追溯体系建设的推动者、重要参与者和公信方（赵雷、杨子江和宋怿，2010）。政府在追溯体系建设中的干预性措施包括制定相关的法律法规与资金支持，此外，强制性食品安全追溯体系也是很多国家规制市场秩序的政策性手段之一（徐玲玲和吴林海，2008）。

1.2.2.4 食品安全认证和追溯体系下利益主体关系研究

陈雨生和乔娟（2009）分析了食品安全认证监管中认证机构之间、认证机构与企业之间、认证监管组织与认证机构之间的博弈行为，认为提高食品安全认证的监管效率，应从行业自律和惩罚力度两个方面进行。徐玲玲、刘晓玲和吴林海（2013）对猪肉追溯体系中的利益分配进行了研究，其中屠宰加工企业收益分配最高，生猪养殖户次之，销售商最低，这样的分配比例才能在综合考虑参与主体的投入、承担的风险和食品安全控制能力等因素的基础上兼顾三方利益均衡，从而有利于激励和保障追溯体系的顺利实施。龚强和陈丰（2012）考察了供应链可追溯性对食品安全和上下游企业利润的影响，研究表明，供应链上任何一个环节可追溯性的增强均有利于提高食品安全水平，然而，目前国内消费者对食品可追溯性认知及支付不足，这有可能造成供应链参与者从追溯体系建设中的获益非常有限，此外，利润的改善主要集中在销售环节，而上游农场和供应链的总利润有所降低，因此，政府政策应将扶持重点放在供应链的上游环节。

1.2.3 食品安全认证与追溯体系联合研究

现有的文献中对食品安全认证和追溯体系进行联合研究的文献较少。有学者对消费者的信息特征偏好作了对比研究，发现消费者将安全认证和产品可追溯性视为可替代的特征（Ubilava and Foster，2009）。还有学者对认证和追溯体系的现状及前景进行了分析，并综述了两者的潜在成本及收益（Meu-wissen et al，2003）。王健诚等（2009），宋怿、黄磊和穆迎春（2007）认为，食品安全认证体系运用了从"农田到餐桌"全过程管理的指导思想，强调以生产过程控制为重点，注重对整个生产过程各关键环节和因素的控制，要求加大对标志印制、使用的监督，同时，介绍了追溯体系的现有工作基础和未来发展途径。董银果和邱荷叶（2014）以追溯、透明和保证（traceability，transparent and assurance，TTA）体系（包括认证体系）作为质量安全的代理变量，并以政府管理条例、安全标准与监管现状为例，研究中国出口猪肉的

TTA 可获得性水平。结果表明，中国出口猪肉 TTA 可获得性水平较低，尤其是追溯体系与透明度体系较弱。

此外，事前认证系统和事后追溯体系是相互促进的（Hobbs，2004），部分学者在文献中提到，结合食品安全认证和可追溯性特征，能够增强消费者信任，崔彬（2013）指出，安全猪肉可追溯和无公害认证属性的叠加能显著提高消费者的信任度和额外支付意愿，并显著降低消费者的信息不对称感知、机会主义恐惧和不确定性感知。李庆江和郝利（2010）指出，无公害农产品认证的特殊性和快速发展为实现安全可追溯管理提供良好基础，具有实现安全可追溯的可行性。吴林海、王淑娴和徐玲玲（2013）也认为，消费者最为关注可追溯猪肉安全信息的认证这一属性，在追溯体系建设初期，需要具有公信力的机构进行认证，从而消除消费者对可追溯信息的不了解及不信任。张彩萍、白军飞和蒋竞（2014）以可追溯牛奶为例，采用联合选择试验法，实证分析了消费者的支付意愿如何受到可追溯认证与认证主体的影响。研究结果表明，对可追溯食品进行认证显著提高消费者对所购食品安全的预期与支付意愿。

1.3 研究目标、概念界定和研究内容

1.3.1 研究目标

本书的主要研究目标是基于信息经济学、供应链管理理论、行为学、计量经济学、博弈理论、实验经济学分析食品安全认证与追溯耦合监管中各利益主体行为及其相互博弈制衡关系，为构建食品安全认证与追溯耦合监管机制提供理论支持和客观依据。

本书的具体目标包括：（1）构建计量经济学模型，分析食品安全认证与追溯体系耦合监管中利益主体关键行为的影响因素；（2）运用博弈论分析食品安全认证与追溯耦合监管中各监管者与被监管者之间的博弈制衡关系；（3）运用实验经济学的方法模拟食品安全认证与追溯耦合监管中利益主体的

行为；（4）根据博弈分析及实验结果，构建我国食品安全认证与追溯耦合监管机制。

1.3.2 概念界定

根据本书的研究目标，对相关概念界定如下：

食品安全认证：食品安全认证是指由认证机构证明某种食品符合相关技术规范的强制性要求或者标准的评定活动，食品通过认证机构认证后可以使用认证机构制定的认证标识，本研究中的食品安全认证主要指无公害食品认证、绿色食品认证和有机食品认证。

食品安全认证的监管体系：是包括生产经营者、消费者、认证机构、政府等对食品安全认证监督和管理的法规（包括标准）、政策、组织机构、监督检测方法或手段等的有机组合。

食品安全可追溯：指利用已记录的信息可以跟踪或溯源食品的历史、应用、所处场所等情况的能力。

食品安全追溯体系：通过收集包涵整个食品供应链的数据和信息，从而建立起来的能够为消费者提供准确详细的有关食品安全信息、帮助生产者确定产品的流向、便于对产品进行跟踪、回溯和管理的食品安全全程管理体系。

安全认证可追溯食品：也称为认证与追溯体系耦合属性食品，主要是指既通过了食品安全认证（包括无公害食品认证、绿色食品认证和有机食品认证），能够使用安全认证食品标识，又能够实现可追溯的食品。

食品安全认证与追溯耦合监管：指食品安全认证体系与追溯体系在食品安全（食品安全信息）监管中，发挥各自优势，避开各自不足，紧密配合、相互作用、相互支撑，保证食品安全信息（包括认证、可追溯信息等）的有效传递，形成相辅而行、相得益彰的食品安全监管体系。

1.3.3 研究内容

基于以上研究目标和主要概念界定，本书的主要研究内容包括：

第一部分：我国食品安全认证体系与追溯体系的发展现状与问题。此部分总结国内食品安全认证和追溯体系的发展现状，分析食品安全认证和追溯体系监管中存在的优势与不足，探究耦合监管的可行性，为后续的研究提供现实依据。

第二部分：主体内容：食品安全认证与追溯耦合监管下利益主体行为分析。此部分将着力研究食品安全认证与追溯耦合监管下利益主体的与耦合监管密切相关的行为。对生产者、经营者、消费者、认证机构和政府行为进行分析。具体如下：（1）构建了计量经济学模型，实证分析农户传递有效可追溯信息和农户利用认证标准规范可追溯信息的行为及其影响因素。（2）对典型食品企业参与食品安全认证与追溯耦合体系的影响因素进行探讨，并结合典型食品企业的实际情况，进行案例分析。（3）构建计量经济学模型，对经营者（超市）对认证与追溯耦合属性食品的经营意愿及其影响因素进行实证分析。（4）构建计量经济学模型，实证分析消费者对认证与追溯耦合属性食品的购买行为及其影响因素。（5）对耦合监管背景下农户、企业、认证机构、监管者（主要包括监管部门和消费者）等利益主体之间的博弈制衡关系进行分析。（6）运用实验经济学的方法，设计并实施经济学实验，对食品安全认证与追溯耦合监管中主体的博弈行为进行模拟，检验博弈分析结果，为食品安全认证与追溯耦合监管机制的构建提供理论支持和客观依据。

第三部分：食品安全认证与追溯监管体系及经验借鉴。首先，总结国外食品安全认证和追溯监管体系；其次，对国外发达国家（如美国、英国和欧盟）经过多年发展的较为成熟的食品安全认证和追溯监管体系进行梳理；最后，借鉴国外发达国家食品安全认证和追溯监管体系设置的成功经验。

第四部分：我国食品安全认证与追溯耦合监管机制的构建。此部分在博弈分析及实验结果的基础上，分析我国安全认证与追溯体系监管环境特征、利益主体特征，从而构建我国食品安全认证与追溯耦合监管机制。

第五部分：结论与政策建议。总结全书的主要观点和结论，提出促进我国食品安全认证与追溯耦合监管的政策建议。

1.4 研究方法和技术路线

1.4.1 研究方法

本书采用的研究方法主要包括：

（1）文献研究法。通过文献搜集、研究，系统了解食品安全认证与追溯体系、利益相关者博弈、实验经济学等方面的理论以及前人相关研究成果，为本书的写作打好基础。

（2）计量经济学分析方法。本书运用较为规范的计量经济学模型分析方法，分析了农户、超市和消费者行为及其影响因素。

（3）数理模型分析法。采用博弈论分析方法对认证与追溯耦合监管下的利益主体博弈行为进行分析，涉及合作与非合作、静态与动态、完全信息与不完全信息等博弈模型。

（4）实验经济学方法。实验经济学是在可控制的实验环境下对某一经济现象，通过控制实验条件、观察实验者行为和分析实验结果，以检验、比较和完善经济理论或提供决策依据的一门学科。本书拟设计经济学实验，对食品安全认证与追溯耦合监管中利益主体间的博弈均衡关系进行检验和分析。

除上述主要研究方法外，统计学分析、比较分析等研究方法也是本书研究中涉及的常规研究方法。

1.4.2 技术路线

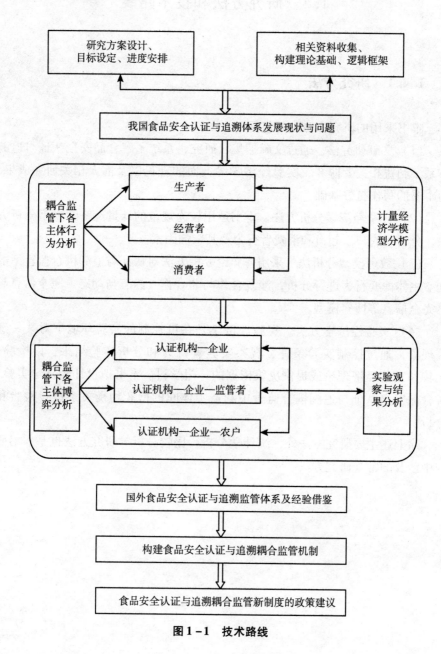

图 1 – 1 技术路线

1.5 研究的创新之处

本书的创新之处主要体现在以下三个方面：第一，理论创新。通过耦合食品安全认证与追溯体系，扬长避短，实现食品安全认证、追溯体系的交互监管，整合监管资源，提高监管效率，突破了传统的各自独立的食品安全认证和追溯体系监管模式，形成食品安全认证与追溯耦合监管新机制，为建立食品安全认证与追溯耦合监管新制度提供有价值的理论依据。

第二，食品安全认证与追溯耦合监管涉及多个利益主体，不同利益主体的行为直接影响认证与追溯耦合监管的有效性。因此，将食品安全认证与追溯耦合监管下不同利益主体的与耦合监管密切相关的行为作为切入点进行研究，以构建食品安全认证与追溯耦合监管机制，本身具有创新性。

第三，方法先进性。本书尝试将实验经济学方法应用于食品安全监管研究，在方法应用上是具有一定的先进性。

第2章 理论基础与逻辑框架

本章在阐述信息经济学理论、供应链管理理论、实验经济学理论、公共选择理论的基础上，探讨食品安全认证与追溯耦合监管下的不同利益主体的与耦合监管密切相关的行为，构建本书的逻辑分析框架。

2.1　信息经济学与认证、追溯体系利益主体行为

2.1.1　非对称与不完全信息

非对称和不完全信息是信息经济学的基本观点。非对称信息是指交易双方拥有对方未知的私人信息。也可以说是，在博弈中某些参与人拥有但另一些参与人不拥有的信息（赖茂生等，2006）。不完全信息是指市场参与者未能掌握某种经济环境的所有知识。在信息经济学中，商品可以分为搜寻商品和经验商品，而经验商品是需要消费者使用一段时间后才能辨别的商品（骆正山，2007）。食品的安全难以辨别，具有经验商品的特征。当食品交易双方的安全信息不对称时，一方尤其是销售方易于利用信息的优势获取自身的利益。当信息处于对称状态时，购买者难以受到欺骗。购买者掌握了销售者实际行为的信息，若销售者存在不当行为，消费者将会持抵制的态度，从而保护了自身的利益。

2.1.2　逆向选择与认证、追溯体系利益主体行为

关于逆向选择，经典的问题是"柠檬市场"问题。逆向选择模型最初是由阿克洛夫（Akerlof，1970）研究了旧车市场上的逆向选择问题，即由于信息的非对称，消费者在购买前很难确定二手车的质量。结果，低质量的车把高质量的车逐出市场，从而使得市场的交易难以保持理想的状态。在均衡的情况下，只有低质量的车成交，在极端情况下，市场根本不存在（赖茂生等，2006）。

对于食品市场，同样存在这样的问题。消费者无法通过食品外观来判断

食品安全。食品安全认证与追溯体系在传递食品的质量信息方面发挥着重要作用。食品生产者在得到认证机构认定后，按照认证食品的生产标准进行生产。认证机构允许食品生产者在销售过程中使用食品安全认证标识。认证标识将食品的安全信息传递给消费者。认证标识能够有效传递食品安全信息的条件是，贴上认证标识的食品是严格按照相应标准生产出来的。食品安全追溯体系通过上下游主体的协作，将生产、加工、运输、经营信息传递给消费者。这就要求相关部门对认证、可追溯信息的监管是有效的。当食品安全认证和可追溯信息的监管失效时，认证、追溯体系将不能发挥传递食品安全信息的作用。

2.1.3 道德风险与认证、追溯体系利益主体行为

道德风险是指代理人在使其自身效用最大化的同时损害委托人利益的行为。道德风险是代理人签订合约后采用的隐蔽行为，由于代理人和委托人信息的不对称，从而给委托人带来损失（骆正山，2007）。最初的道德风险问题的研究是在保险市场方面。道德风险发生的主要原因之一是信息非对称。从委托人和代理人的决策环境来看，在签订协议之后，代理人将会采取有利于自身利益的私人行为，这种可能不利于对方的利益。这种在非对称信息情况下代理人的损人利己行为就是道德风险行为（骆正山，2007）。

在食品安全监管过程中，也存在道德风险问题。认证机构与认证食品生产者之间是一种委托—代理关系。认证机构在对生产者进行认证时，非常了解认证食品生产者的生产情况。但是，在通过认证之后，认证食品生产者可能采取一些不当的隐蔽的生产行为来获取额外收益。这种不当的隐蔽的生产行为将会影响认证食品的安全性，进而损害了认证机构的市场声誉。食品安全可追溯信息的传递，涉及利益主体的经济利益，特别是面对食品安全召回风险，诱导道德风险行为的发生。

2.1.4 博弈论与认证、追溯体系利益主体行为

博弈论是研究系统中相互依存的对象的理性行为是如何行动的理论（张

维迎，1996）。博弈思想在发展中已经形成较为完整的理论体系。纳什均衡是博弈论的核心概念，它是一种策略组合，使得每个参与人的策略是对其他参与人策略的最优反应。如果一种纳什均衡中每个参与人具有对对手策略的唯一最优反应，那么这种纳什均衡被称为是严格的（Harsanyi，1973）。

在存在不完全信息情况下，其他局中人对特定局中人的具体行为是不清楚的。海萨尼（Harsanyi，1967）提出了一种处理不完全信息博弈的方法，即引入一个虚拟的局中人（自然），自然最先开始行动，它决定着其他局中人的特征。这种方法将不完全信息静态博弈变成一个两阶段的动态博弈，第一个阶段是自然的行动选择，第二阶段是除自然外的其他局中人的静态博弈（费尔南多，2006）。这种转换就是"海萨尼转换"。

博弈论在决策行为研究方面得到了广泛的应用。在食品安全认证与追溯体系耦合监管过程中，利益主体间的博弈行为将会影响到食品安全认证与追溯耦合监管的有效性，进而影响到市场上食品的安全水平。认证与追溯体系利益主体间的博弈不仅涉及完全信息的博弈，还涉及不完全信息的博弈。在现实经济活动中，不完全信息的博弈行为更加常见。主要原因在于，一方面博弈方的个人决策行为具有不确定性，对方很难完全掌握另一方的信息；另一方面在于对一方行为的影响因素较多，只能粗略地估计行为发生的概率。对食品安全认证与追溯的利益主体间的博弈行为的研究，能为食品安全认证与追溯耦合监管机制的完善提供较为直接的理论依据。

2.2 供应链管理理论与认证、追溯体系利益主体行为

在供应链的质量管理方面，产品的质量完全取决于在加工过程中使用的原材料的质量（鲍尔索克斯，2007）。食品的"柠檬市场"问题的存在对社会经济的发展产生严重影响，李功奎和应瑞瑶（2004）分析了食品的"柠檬市场"问题形成机理。食品安全问题存在于食品供给链中，主体间将无时无刻地进行着利益博弈（王华书，2004；黄胜忠、王磊和徐广业，2014；Wisner，Tan and Leong，2015）。纵向一体化能够解决消费者的信任品市场上的道德风险问题（Vetter and Karantininis，2002）。实施追溯体系不仅有利于提

高食品供应链的管理效率，而且有利于优化供应链整体绩效（Lecomte，2003）。食品安全认证涉及食品生产、加工、流通、销售、消费等环节，食品安全认证是通过标识将食品安全信息传递给消费者。食品安全追溯体系主要依靠上下游主体的协作（或下游主体对上游主体的监管）来完成可追溯信息的传递。可追溯信息的传递和监管有效性与供应链的运行效率有很大的关系。食品安全认证与追溯体系的耦合同样涉及供应链中各利益主体。

2.3　实验经济学与认证、追溯体系利益主体行为

"实验"是指在确定的条件下，检验某种科学结论或者假设的活动。实验研究方法通过创造一个使调查者完全明白的受控制的环境，能够在最小限度上检验一个理论，实验方法是对传统经济学研究方法的补充。实验经济学在一定程度上继承了演化经济学、行为经济学的思想，通过实验来研究人们的行为，从而对经济理论进行有效的检验。史密斯（Smith，1994）将实验经济学定义为，在有限性或者隐含规则的背景下应用实验方法来研究人类相互作用的决策行为。具体而言，实验经济学是在可控制的实验环境下，针对某一经济理论或者经济现象，通过控制某些条件、观察决策者行为和分析实验结果，以检验、比较和完善经济理论并为政策决策提供依据（金雪军和王晓兰，2006）。

经济实验中所进行的是真实而特殊的经济活动，所观察的是人在微型经济系统中的真实实践，但又是迥异于现实生活的特殊经济活动。经济实验不是试图重现现实生活中的经济现象的全部特征，而是针对特定的问题，通过对环境的设计，凸显出与研究问题相关的因素，控制并淡化与研究问题无关的因素，从而在实验结果中可以直接观察到某一种特定的因素对具体的经济现象的作用（杜宁华，2008）。

随着博弈理论在经济学研究中的地位日益突出，实验方法的运用也日益受到重视，这是因为实验方法能够用于检验博弈对局人的真实行为，对博弈理论的预测能力和适用范围进行评价和界定。监管问题通常涉及在特定的监管环境下，监管体系中的不同决策主体间的相互博弈，而实验经济学方法能

够用于模拟和检验博弈对局人的真实行为，验证博弈理论的结果，评价和界定博弈理论的预测能力和适用范围，因此，将实验经济学应用于监管问题的研究具有一定的价值。将监管问题的研究转化为监管体系中相关主体的博弈行为研究，再通过实验观测博弈主体行为、检验博弈理论就变得具有可行性。运用实验经济学方法，设计认证与追溯耦合监管背景下利益主体间博弈实验，观察利益主体在耦合监管背景下的真实行为，为构建耦合监管机制提供现实依据。

2.4　公共选择理论与认证、追溯体系利益主体行为

公共选择理论是由公共选择学派建立和发展起来的西方经济学理论之一（许云霄，2007）。公共选择理论主要包括市场失灵理论、政府失灵理论等。公共选择理论认为，市场缺陷并不是把问题转交给政府去处理的充足理由。阿罗（Arrow，1951）提出了"不可能性定理"，认为不可能把个人偏好表达成为个人偏好次序的社会偏好。公共选择理论是以政府行为的局限性为研究重点（布朗等，2000；樊勇明等，2007；黄恒学，2002；Dunleavy，2014）。

2.4.1　市场失灵理论与认证、追溯体系利益主体行为

在现实经济中，在市场已充分发挥资源配置作用情况下仍不能达到经济效益和满意的收入分配的各种情况，称为市场失灵（李春根等，2007；Weeden and Grusky，2014）。对于食品安全，往往由于信息的不完全引起。信息的不完全表现在交易过程中，交易双方对于商品质量、性能等信息的了解程度不同，出现信息不对称的现象。这种现象在市场持续一段时间后，就会破坏市场机制的优胜劣汰的作用。

2.4.2　政府失灵与认证、追溯体系利益主体行为

在市场经济中，市场功能存在缺陷。政府为了纠正市场功能的缺陷，发

挥自身各方面的经济职能。但是，政府在实施政策的过程中往往会出现各种事与愿违的结果。这种政府活动的非市场缺陷，称为政府失灵（刘伟忠，2007）。李春根等（2007）认为政府失灵的原因存在五个方面：第一，不完全信息；第二，政府官员行为目标与公共利益的差异；第三，政府决策机制的内在障碍；第四，政府运行效率问题；第五，寻租活动。其中，寻租活动是指人类社会非生产性追求经济利益的活动。寻租会造成社会资源的浪费，社会公平和效率的损失。

寻租活动将会使政府决策行为受到利益集团影响。政府人员为了应对寻租方的游说和贿赂，需要付出时间和精力，从政府的日常业务来看，这些都是一种额外的投入（姜杰等，2009）。寻租活动常存在于各种经济活动中，认证与追溯体系能够提高食品安全性，提升食品市场认可度，但按照认证与追溯体系的标准进行操作，将会增加食品生产经营者的成本。在认证与追溯耦合监管过程中，市场存在额外租金，这为寻租行为的产生提供了条件。

2.5 本书研究的逻辑框架

在上述对食品安全认证与追溯耦合监管下的利益主体行为与相关理论分析的基础上，本节构建如下食品安全认证与追溯耦合监管机制研究的逻辑分析框架，为后面的具体分析奠定基础。

我国食品安全问题日益凸显，食品安全认证和追溯功能还未能有效发挥，食品安全监管机制急需完善。食品安全认证与追溯耦合监管与利益主体的行为紧密相连，建立食品安全认证与追溯耦合监管机制，对利益主体的耦合监管相关行为的分析，必不可少。在认证与可追溯食品的供应链中，生产者、经营者、消费者、政府以及认证机构都是食品安全认证与追溯耦合监管的重要利益主体。因此，需要探讨各利益主体的与耦合监管密切相关的行为以及利益主体之间的博弈行为。同时，国外食品安全认证和追溯体系经过多年发展，形成了较为完善的监管机制，借鉴国外食品安全监管的成功经验，对于构建我国食品安全认证与追溯耦合监管机制也是非常必要的。

依据本书的研究目标和研究内容，可构建如图 2 - 1 所示的逻辑分析框架。

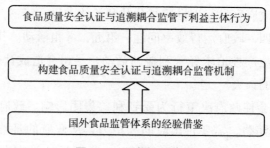

图 2 - 1　逻辑分析框架

根据图 2 - 1 所示的逻辑分析框架，本书主要研究内容的具体逻辑思路如下：

（1）分析食品安全认证与追溯耦合监管下利益主体（农户、加工企业、超市、消费者）行为。具体包括：

其一，农户行为。认证与可追溯食品的初始生产者主要是农户。在食品安全认证与追溯耦合监管过程中，农户关键的相关行为包括农户传递可追溯信息和农户利用认证标准规范可追溯信息的行为两个方面。本书为了考察认证与追溯体系耦合监管，整合认证和追溯体系的资源，形成相互支撑、相辅相成的监管机制，认为认证机构作为专业的监管机构，将会在监管可追溯信息的传递方面发挥重要作用，而利用认证标准来规范可追溯信息，形成规范的可追溯信息，可以提高食品安全追溯体系运行效率，促进食品安全追溯体系跨域对接。因此，这两个方面的行为显得十分重要。在农户传递可追溯信息的影响因素方面，重点考察"专业机构可追溯信息监管有效性""下游主体监管""可追溯信息的作用"等因素；在农户利用认证标准规范可追溯信息方面，重点考察"认证标准的需要程度""可追溯信息反映生产情况""周围人遵守食品安全规定程度"等因素。

其二，食品企业行为。企业参与食品安全认证与追溯耦合体系受多方因素共同影响。参与认证与追溯耦合体系是企业的一种投资行为，因而其成本收益情况必定会影响到投资决策。同时，企业自身的一些特性以及政策因素都会影响到企业参与认证与追溯耦合体系的积极性。基于此本书将从收益、成本、品牌实力、企业的责任担当、企业目前质量安全管理水平、政策制度等方面对企业参与认证与追溯耦合体系的行为进行分析。

其三，销售者（超市）行为。销售者是认证与追溯耦合属性食品流入消费者的最终端，是食品安全管理的最后环节。销售者在认证与追溯耦合属性食品的流通方面发挥重要作用，其对认证与追溯耦合属性食品的安全性也会产生较大影响。因此，需要加以考虑。

其四，消费者行为。消费者是认证与追溯耦合属性食品的最终购买者，也是实现认证与追溯耦合属性食品安全性价值的唯一市场主体。一方面，认证与追溯耦合属性食品需要满足消费者的需求，另一方面，认证与追溯耦合属性食品的价值需要得到消费者的认可以及最终实现。食品安全认证与追溯耦合是一次对传统食品安全监管制度改革或完善的探索，尽管从理论设计上存在合理性，但这种制度设计，是否能够提高食品安全监管的有效性，亟待实践进行检验。而这项监管制度的最终目的，是促进食品安全信息的有效传递，约束生产经营者的不当行为。当消费者购买到不安全的食品时，能够通过食品安全信息，及时找到食品安全责任人。因此，对食品安全责任人的重视程度以及耦合监管有效性的认可度，就成为影响消费者对认证与追溯耦合属性食品购买行为的重要因素。

（2）分析食品安全认证与追溯耦合下的利益主体之间的博弈行为及制衡关系。食品安全认证与追溯体系耦合监管是针对安全认证与可追溯食品而言。具体来说，对于认证与追溯耦合属性食品，认证机构有权也有责任对通过认证的食品进行安全监督，并且对食品安全信息（包括食品安全认证信息、可追溯信息等）进行监管及披露；而可追溯信息则要记录相关的认证责任人，在发生食品安全问题时，可以顺利查找相关责任人并追究责任。食品安全认证与追溯耦合监管中，涉及多个主体，主体间的博弈行为及其所产生的相互作用是影响耦合监管的重要因素。因此，有必要对耦合监管背景下主体之间的博弈行为及制衡关系进行分析。

（3）设计经济学实验，模拟利益主体博弈行为，检验博弈分析结果。构建博弈模型，分析利益主体之间的博弈制衡关系，能从理论上探讨利益主体行为的规律。但现实中，利益主体并非完全理性的，仍然存在社会偏好等其他因素的影响，博弈分析所得到的结果，需要设计经济学实验，对其重要的结果进行检验。在此基础上，得到更为合理的结论。

（4）总结并借鉴国外食品安全监管经验。在分析食品安全认证与追溯耦合监管下利益主体行为的基础上，需要对国外发达国家经过多年发展的较为成熟的食品安全监管体系进行梳理，以借鉴国外发达国家食品安全监管体系设置的成功经验，从而为构建食品安全认证与追溯耦合监管机制提出切实可行的政策建议。

2.6 本 章 小 结

（1）本书的基本逻辑框架是，首先对利益主体的与认证与追溯耦合监管密切相关的行为进行分析，具体包括生产者、销售者、消费者和监管者等；然后在此基础上对国外的发达国家经过多年发展的较为成熟的食品安全监管体系进行梳理和分析，以借鉴国外发达国家食品安全监管体系的成功经验，从而为构建食品安全认证与追溯耦合监管机制提出切实可行的政策建议。

（2）信息不对称对食品安全产生了负面影响。当食品信息有效地在生产者与消费者之间进行传递时，消费者将选择安全性高的食品，生产者也会自发提高食品的安全水平，食品安全问题将会减少。

（3）食品安全认证和追溯体系在传递食品安全信息方面发挥着重要作用。认证标识将食品的安全信息传递给消费者。认证标识能够有效传递食品安全信息的条件是，贴上认证标识的食品是严格按照相应标准生产出来的。食品安全追溯体系通过追溯码，将食品安全信息，直接传递给消费者。这就要求相关部门对食品安全信息的监管是有效的。当食品安全信息监管失效时，认证、追溯体系将不能发挥传递食品安全信息的作用。

第3章 我国食品安全认证、追溯体系发展现状与问题

食品安全认证体系与追溯体系是我国管理和保障食品安全的重要工具，两个体系在食品安全管理中分别发挥不同的功能，拥有各自的特征和优势，但在其运行中也存在各自的困难和不足，两个体系仍需不断完善和发展。本章对我国食品安全认证体系和追溯体系的发展历程和现状、管理体制、制度保障、优势不足等方面进行了总结。

3.1 我国食品安全认证、追溯体系发展现状

3.1.1 我国食品安全认证体系发展现状

3.1.1.1 我国食品安全认证发展历程

（1）无公害农产品认证发展现状。随着近代农业的发展，食品生产快速工业化和密集化，食品数量上的供需矛盾得到有效解决，然而，由于化肥、农药、化学添加剂等现代农业生产要素的大量投入，有害物质残留、污染、富集等问题不断引发农产品安全危机。为加强农产品安全管理，保证基本的食品安全，20 世纪 80 年代后期，部分省、市开始试点实施无公害农产品认证，2001 年农业部正式启动"无公害行动计划"；2002 年在全国范围内全面推进，并出台《无公害农产品管理办法》《无公害农产品标志管理办法》，为无公害农产品认证的发展提供制度保障；2003 年实现"统一标准、统一标志、统一程序、统一管理、统一监督"的全国统一的无公害农产品认证。经过十多年的发展，无公害农产品认证在体系建设、制度规范等方面都取得有效成果。据农业部农产品质量安全中心统计数据截至 2013 年，无公害农产品省级工作机构 72 个；有效全国无公害农产品检测机构 159 个，产地环境检测机构 130 多个；无公害农产品数达 13239 个，检测产品涵盖种植业、畜牧业和渔业。

（2）绿色食品认证发展现状。随着现代化进程的推进，资源和环境问题越来越不容忽视，在食品数量得到满足后，我国农业开始向质量型、效益型

方向发展，践行农业可持续发展理念。1990 年，农垦系统正式实施绿色食品工程；1992 年，在农业部成立绿色食品发展中心，专门负责全国绿色食品开发和管理工作；1993 年，农业部发布《绿色食品标志管理办法》，1990 ~ 1993 年期间基本完成管理机构设立、监测系统建立、技术标准制定、管理法规制定和发布等基础建设。随后，绿色食品经历加速发展阶段（1994 ~ 1996 年）和向市场化、国际化全面推进阶段（1997 年以后），经过 20 多年的发展，绿色食品在管理体制、标准体系、市场运作体系等方面都日趋成熟。目前，全国共有地方绿色食品管理机构 40 多个，共委托产地环境质量检测机构 70 多家，产品质量检测机构近 40 家；绿色食品商标在日本、中国香港地区和美国成功注册；据中国绿色食品发展中心统计数据截至 2013 年 12 月，共有有效使用绿色食品标识企业 7696 个，有效使用绿色食品标识的产品总数 19076 个，产品涵盖种植业、畜牧业、水产业、食品加工业等，产地环境检测面积达 25642.7 万亩，年销售额达 325.2 亿元，出口额达 260386.4 万美元。绿色食品的发展顺应了农业可持续发展要求，满足了消费者对高安全食品的需求，有力促进了农业经济效益的提高。

（3）有机食品认证发展现状。20 世纪 30 年代以来，"化学农业""石油农业"的发展使得生态环境和食品安全受到极大的威胁，有机农业开始被研究和倡导，有机食品于 20 世纪 70 年代正式起步。1972 年，国际有机农业运动联合会（IFOAM）成立，该组织致力于拯救农业生态环境、促进健康安全食品生产。从 20 世纪 80 年代起，随着一些国际和国家有机标准的制定，一些发达国家开始重视有机农业。目前，欧美、日本等发达国家有机农业快速发展，有机食品在食品市场中已经占有一定的比例。我国有机农业的发展起始于 20 世纪 80 年代，中国农业大学和国家环保局南京环科所等研究机构开始进行有机食品的研究和开发；1988 年，国家环保局南京环科所成为国际有机农业运动联合会会员，并于 1994 年正式成立国家环保局有机食品发展中心（OFDC）；2005 年，国家认证认可监督管理委员会发布有机产品国家标准，我国有机食品发展逐步规范化和国际化。据国家认证认可监督管理委员会统计数据，目前，我国经国家认证认可监督管理委员会批准的有机产品认证机构共 25 家，截至 2013 年底，我国共有获得认证的有机生产面积 272.2 万公顷，有机产品生产企业 7894 家、有机生产基地 6628 个、有机加工厂

3910 家，有机产品涵盖植物、动物、水产品及加工类，我国有机产品年销售额约 200 亿~300 亿元，已成为全球第四大有机产品消费国。有机食品的发展向社会提供了高品质的健康食品，同时又有利于保护生态环境、促进农民增收、推进农业产业化，更有利于参与国际竞争。

3.1.1.2 我国食品安全认证体系的管理体制

目前我国食品安全认证管理工作由三个部门分管。无公害农产品认证和管理工作由隶属于农业部的农产品安全中心主管，隶属农业部的省、市、县各级无公害农产品主管部门依据无公害农产品生产标准进行具体的监督管理工作，并委托各地定点检测机构进行产地环境和产品检测；绿色食品认证和管理工作由农业部绿色食品管理办公室（中国绿色食品发展中心）负责，在各省（自治区、直辖市）设立绿色食品管理机构，负责当地绿色食品监管工作，委托符合国家相关资质要求、可独立出具具备法律效力检测报告的检测机构负责产地环境和产品质量检测；有机食品管理工作由中绿华夏有机食品中心负责，在全国设立分中心，认证工作由国家认证认可监督管理委员会授权、认可的独立认证机构开展，有机食品实施市场监管。无公害农产品认证机构、绿色食品认证机构和有机食品认证机构均接受国家认证认可监督管理委员会监督管理。

3.1.1.3 我国食品安全认证体系的制度保障

我国食品安全认证体系经过多年的发展，已经形成较为完善的制度保障，主要包括法律法规和技术标准两个方面。在法律法规方面，食品安全认证体系以《中华人民共和国农业法》《中华人民共和国农产品质量法》《中华人民共和国食品安全法》《中华人民共和国商标法》等法律为基础，以《中华人民共和国认证认可条例》为认证认可活动总规范，以《无公害农产品管理办法》《绿色食品标志管理办法》《有机产品认证管理办法》（2014 年版）等管理办法为具体依据，形成体系较为完整的法律法规框架，保障了食品安全认证的法律基础。在技术标准方面，我国有关部门制定发布了一系列有关标准，并与国际标准相接轨，形成应用范围广、协调性好、可操作性强的标准体系。无公害农产品标准包括环境质量、生产技术、产品质量标准，标准性质既有强制性标准也有推荐性国家行业标准；绿色食品标准包括产地环境质量、生产技术、产品标准、包装与标识使用及贮运等全程质量控制标准，标准性质为推荐性国家农业行业标准；我国有机产品国家标准（GB/T19630）规定了产地环境质量标准，结合国际上生产、加工、包装、贮运技术标准及认证等全程质量标准，各国推荐性标准与民间组织标准共存。

3.1.1.4 我国食品安全认证体系的优势

（1）食品安全认证易于操作，节约成本。由于食品的经验品属性，挑选食品涉及不同行业的专业知识，消费者无法直接辨别优劣。要甄别那些我们自身无法辨别优劣的食品，对食品进行安全认证成为一种重要选择。在食品安全认证过程中，食品安全认证机构按照相关标准，对企业生产加工的食品进行考察、认证，通过标识就可以将食品安全信息传递给消费者。我国的食品安全认证过程较为简单，认证技术易于操作，保证了认证过程的高效运转，节约了认证成本。

（2）认证标准分级较为合理，规范生产经营者的实际操作。食品安全认证标准包括有机食品、绿色食品和无公害农产品标准。我国有机食品认证标准由国家环境保护总局有机食品发展中心制定，注重与国际有机认证标准接轨，规定有机食品在生产过程中不允许使用任何人工合成化学物质。我国绿色食品标准由农业部发布，规定绿色食品分为 AA 级和 A 级。AA 级绿色食品要求接近于国际化的有机食品，更多地强调绿色食品的品牌效应。A 级绿色食品要求在食品生产加工过程中，允许限量、限品种、限时间使用安全的人工合成农药、化肥等。无公害农产品标准主要由农业部制定的无公害农产品行业标准和国家质量技术监督检验检疫总局制定的农产品安全国家标准组成，规定无公害农产品在生产过程中允许使用限品种、限数量、限时间的安全的人工合成化学物质，其要求相对较低。总体上，我国食品安全认证标准分级较为合理，满足了消费者的需求，规范了食品生产经营者的实际操作。

（3）认证体系较为完善，保证认证工作有序进行。食品安全认证管理机构包括国家认证认可监督管理部门和地方认证监督管理部门。2001 年，国家认证认可监督管理委员会（简称国家认监委）成立，国家认监委负责对全国的认证认可工作进行统一管理和监督。在具体省市，国家认监委委托各级地方认证监督管理部门开展地方具体的认证认可监管工作。国家认监委委托认可机构对认证机构、检测检查机构、培训机构以及认证从业人员能力进行认可、注册和后续监督。从业机构包括食品安全认证机构、检测机构和咨询机构，负责开展具体的食品安全认证工作。我国食品安全认证体系较为完善，保证了食品安全认证工作的正常运转。

3.1.2 我国食品安全追溯体系发展现状

3.1.2.1 我国食品安全追溯体系发展历程

由于"疯牛病"等食品安全问题频发，美国、欧盟、澳大利亚、日本、加拿大等许多国家都通过建立食品安全追溯体系来对食品安全进行全面的管理，实现对食品的从"田园到餐桌"的全程监管，降低食品安全问题爆发风险，力求在食品安全问题爆发时能够快速找到问题食品来源，高效处理食品安全事件，有效保障食品安全。最早从 2001 年开始，我国上海、北京、天津、山东等部分省市开始推行食品可追溯制度；2003 年，国家质量监督检验检疫总局启动"中国条码推进工程"，采用 EAN·UCC 系统对食品供应链各环节编码以达到食品安全可追溯成为其中的重要内容；2004 年，国家食品药品监督管理局等 8 部门启动肉类食品安全追溯制度和系统建设项目，同年，农垦系统启动"农垦无公害农产品质量追溯系统"试点工作；至 2007 年，我国已初步建立部分食品安全可追溯制度并搭建起部分食品安全可追溯信息系统和网络交换平台。2008 年，以奥运会为契机，我国食品安全追溯体系实现跨越式发展，全国 60 多家大型超市全面加入农产品追溯体系。2010 年，中央财政支持有条件的城市进行肉类蔬菜流通追溯体系建设试点，截至 2014 年 8 月，已在全国支持 75 个城市、2 万多家企业进行试点，前两批试点城市已在 6000 多家企业建成追溯体系，初步形成追溯信息链条，在促进诚信经营、提升消费者信心、服务政府管理等方面逐渐显现重要作用，社会影响日趋扩大。

3.1.2.2 我国食品安全追溯体系的管理体制

我国食品安全追溯体系尚处于建设阶段，目前我国并没有专门负责追溯体系监管的部门或机构，仅进行常规性的食品安全管理。我国已经形成由农业部、国家质量监督检验检疫总局、国家工商行政管理总局、卫生部、食品与药品监督管理局和商务部等多个各自独立、自成系统的机构所构成的食品安全监管体系，各管理部门分段管理、职责较为分明，各部门在各自的职责范围内对食品安全追溯体系进行监管和协调。在分段管理模式下，要实现食品供应链的全程可追溯管理，需要各个分管部门的密切配合，在管理模式和技术标准上都需要协调和对接，这无疑增加了食品安全追溯体系的监管难度。

3.1.2.3 我国食品安全追溯体系的制度保障

我国于 2009 年实施的《食品安全法》对食品的生产、加工、包装、采购等供应链各环节提出了建立信息记录的法律要求，与之配套的实施条例明确食品生产经营者为食品安全第一责任人，规定生产企业应如实记录食品生产过程的安全管理情况。除此之外，我国物品编码中心、国家质检总局、商务部等相关部门相继出台的《出境水产品溯源规程》（2004）、《食品可追溯性通用规范》（2010）、《食品追溯信息编码与标识规范》（2010）、《肉类蔬菜流通追溯体系专用标识使用规定（试行）》（2011）、《食品冷链物流追溯管理要求》（2012）等一系列规程规范不断地为我国食品安全追溯体系建设及监管提供基础和依据。我国食品安全追溯体系的制度保障虽尚未形成完整的体系，但随着我国食品安全追溯体系建设的不断推进，相应的制度保障也在不断完善。

3.1.2.4 我国食品安全追溯体系发展中的优势

（1）保障消费者知情权。食品安全追溯体系是食品安全风险管理的重要措施，是食品供应链全程控制的有效技术手段。食品安全追溯体系要求食品供应链的上游主体对其相关信息做好记录，并顺利交付下游主体，一直传递到供应链的终端。食品安全追溯体系实施主体根据"一步向前，一步向后"原则，做好外部节点管理，确保可追溯信息真实有效。食品安全追溯体系最大的优势是将食品从田园到餐桌的整个过程通过条码技术清晰地展现给消费者，有力保障消费者的知情权。

（2）及时发现问题根源，有效跟踪问题食品去向。食品安全追溯功能包括两个方面：跟踪和溯源。跟踪是指从食品供应链上游到下游，跟随特定食品运行路径的能力。溯源是指从食品供应链下游到上游，识别特定食品来源的能力。溯源是及时发现食品问题根源的主要途径。当食品安全问题出现时，消费者等有关主体可以通过食品安全追溯体系，查询食品安全可追溯信息，及时发现问题发生的环节，找到问题根源。针对问题根源采取有效措施，有效控制食品安全问题。如果食品企业发现问题食品流入市场，也可以通过可追溯信息，找到问题食品的去向，及时召回问题食品，降低问题食品所带来的危害。

（3）提高供应链的运行效率。食品安全追溯体系可以提高食品供应链管理水平。食品从田园到餐桌是一个供应链运作的过程，食品流动本身包含着信息流动。在这个过程中，食品企业做好生产和管理工作，记录食品加工、仓储管理等信息，以便顺利交付下一环节；而在每一交付的节点上，农户、企业、政府和消费者等主体及时沟通信息，增强了供应链信息的透明度和可信度，加强了各主体之间的联系和协作，提高了食品供应链的管理水平和运行效率。

3.2　我国食品安全认证、追溯体系发展问题

3.2.1　我国食品安全认证体系发展问题

（1）食品安全认证机构缺乏日常监督。尽管食品安全认可机构负责对食品安全认证机构的监督，但由于监管资源有限，其更多的工作是对食品安全认证机构进行资格的认定。认证食品出现问题时，由于缺少认证责任人信息，难以找到有关责任人，也无法确认食品安全认证机构的失责行为。消费者是认证食品的最终使用者，认证食品质量的好坏直接影响到消费者的身体健康，其日常监督动力最大，但信息的缺少，导致消费者难以对食品安全认证机构进行日常监督，日常监督的缺乏影响到食品安全认证的有效性。

（2）法律法规不健全，标准亟待完善。食品安全认证机构应该依据自己

的认证职责,依法对食品进行安全认证,违反认证法律法规的应依法承担相应法律责任。然而,我国有关认证的法律法规不健全,难以保证认证工作的公平性。此外,食品安全认证的标准仍存在不足之处。以无公害认证标准为例,2001 年,质检总局发布了 GB18406 - 2001 和 GB/T18407 - 2001 标准,对蔬菜、水果、畜禽肉、水产品安全要求和产地环境要求作出规定。农业部自开展无公害农产品认证以来,相继制定发布了一系列无公害农产品行业标准。这些标准对于 GB18406 - 2001 和 GB/T18407 - 2001 标准是一个必要的补充,但是造成了许多交叉冲突,同时也存在空白领域。在我国现行产品标准体系中,国家标准、行业标准、地方标准都是政府发布的标准,本应当具备同等的约束力且互不重叠。但由于各级标准的审批发布机关不同,缺乏必要的信息沟通与统一的规范,现实情况是不同标准的归口部门不统一、互不对接的现象较为突出。

3.2.2 我国食品安全追溯体系发展问题

(1)可追溯信息缺乏监管和认证,信息质量制约食品安全追溯功能的发挥。食品安全追溯体系是保证食品安全的重要手段,但它自身也存在不足之处。在我国,食品安全认证机构、检测机构在食品生产、加工、流通等各个环节对食品安全性依据相关标准进行认证、监管。食品安全追溯体系的运行主要依靠上下游主体间的协作,未设立专业机构对食品安全追溯体系进行认证,也未有专业机构监管可追溯信息。可追溯信息监管的缺失导致信息质量难以保证,在对问题食品进行追溯时,出现信息中断或混乱的现象。同时,食品安全追溯体系没有明确认证责任人信息,无法实现对相关认证责任人进行溯源追责。这些都制约了食品安全追溯功能的发挥。

(2)食品安全追溯体系实施成本高。完善的食品安全追溯体系的运行涉及技术、法律法规、公共信息平台建设、信息采集输入等方面。食品安全追溯体系作为一套完整的管理体系,需要规范化的实施、审核及改进。同时,相关人员对食品安全追溯体系及运行设备的不熟悉,生产技术水平和安全管理意识淡薄,需要对其进行培训和指导。这些都需要食品安全追溯体系实施主体增加投入,导致食品安全追溯体系的实施成本过高。

（3）食品安全可追溯信息缺乏标准规范。食品安全可追溯信息缺乏标准规范也是目前我国食品安全追溯体系存在的不足之处。我国食品安全标准体系由基础标准、技术标准和管理标准三个子系统组成，它是食品安全认证体系赖以运行的依据。但在食品安全追溯体系方面则缺乏统一的标准规范。虽然在食品安全追溯体系的实施过程中，也制定了一些相关的指南，例如，为了应对欧盟的水产品贸易追溯制度，国家质检总局出台了《出境水产品溯源规程（试行)》，但在食品生产、加工、流通、销售等环节仍缺乏统一的标准进行指导和规范，导致在对同一地区的食品进行追溯时出现不同的信息版本，而一些重要信息却没有覆盖。

（4）食品安全追溯体系的法律法规亟待完善。我国于 2011 年颁布了新的《食品安全法》及《食品安全法实施条例》，但未设定信息记录、保存和可追溯信息标准等方面的要求。《产品质量法》赋予质检部门对"加工制作且用于销售的产品"实施监督管理的职能，但对食品安全追溯体系的监管没有明确规定。迄今为止，我国尚未形成全国统一的有关食品安全追溯体系的法律法规，也没有制定与之配套的规章制度，导致可追溯信息传递、监管过程中出现无法可依的情况。我国食品安全追溯体系的法律法规亟待完善。

3.2.3　我国食品安全认证与追溯体系耦合监管中的问题

食品安全认证与追溯体系，均具有各自的优势与不足。如何发挥各自优势，扬长避短，就成为耦合监管的目标，其关键是解决食品安全认证与追溯体系的与生俱来的不足，特别是影响到食品安全认证、追溯功能发挥的问题。在食品安全认证功能的发挥方面，关键是认证机构这个主体，认证机构是否发挥认证、监督的作用，关系到认证的有效性。然而，食品安全认证机构缺乏日常监督，认证的有效性难以保证。在食品安全追溯功能的发挥方面，可追溯信息缺乏监管和认证，信息质量制约食品安全追溯功能的发挥；同时，食品安全可追溯信息缺乏标准规范，导致可追溯信息版本不一，可追溯信息对接困难，影响追溯功能的发挥。

同时，食品安全认证与追溯体系在制度设定、主体监管等方面具备下述特征：

（1）食品安全认证和追溯体系均为食品安全信息披露的政策工具。食品安全认证的从业机构，依据认证标准对认证对象进行认证，对食品企业生产加工的食品进行监察。对符合认证标准的食品加贴食品安全认证标识，消费者通过标识这个载体获取食品安全信息。食品安全认证机构在对食品进行认证时，可以对其进行详细的检查，提出相关要求。食品安全认证体系针对不同的品种，对生产加工、流通等环节都设定了相关安全标准。在确定不同品种的追溯目标之后，可依据食品安全认证的标准，设定生产加工、流通等环节的可追溯信息范围。因此，食品安全认证机构依据有关标准，对食品生产加工、流通等环节信息进行检查、认证，规范食品安全可追溯信息。

食品安全追溯体系作为一种安全保障体系，在发生食品安全问题时，可按照可追溯信息对问题食品进行追溯和召回，披露问题食品相关信息，通过食品信息平台予以公布，约束生产经营者以及认证责任人行为。因此，可以通过在可追溯信息中增加认证责任人信息，以溯源追责认证责任人，保证认证的有效性。

（2）食品安全认证和追溯体系均针对生产加工、流通等主体。食品安全认证体系是基于食品供应链视角构建的一种制度安排。食品安全认证机构要对食品生产加工、流通等环节进行监察。食品安全追溯体系要求在对食品安全信息进行追溯时，不仅要对企业内部的生产加工环节进行追溯，也要对企业外部的流通交接环节进行追溯。食品安全认证和追溯体系均针对食品供应链中的生产加工、流通等环节，使得食品安全信息在食品安全认证和追溯体系中的范围可以保持一致。

这些特征为实现食品安全认证与追溯体系耦合监管的目标，提供了条件，使得食品安全认证与追溯耦合监管具备理论上的可行性，下文将围绕食品安全认证与追溯耦合监管的核心问题，进行具体的理论探讨与实证检验。

3.3 本 章 小 结

（1）经过多年的发展，食品安全认证体系形成了层次分明的管理体制和较为完善的制度保障，监督管理工作已经较为规范化和标准化。其优势主要体现在：食品安全认证易于操作，节约成本；认证标准分级较为合理，规范生产经营者的实际操作；认证体系较为完善，保证认证工作有序进行。然而，我国食品安全认证监管力度不足，监管问题阻碍食品安全认证发展。其不足主要体现在：食品安全认证机构缺乏日常监督；法律法规不健全，标准亟待完善。

（2）国内食品安全追溯体系建设工作已经展开，已有不少试点取得一定的成果。其优势主要体现在：保障消费者知情权；及时发现问题根源，有效跟踪问题食品去向；提高供应链的运行效率。然而，我国食品安全追溯体系尚处于成长阶段。虽然近年来我国食品安全追溯体系发展较快，但由于起步较晚，许多方面尚不成熟完备。其不足主要体现在：可追溯信息缺乏监管和认证，信息质量制约食品安全追溯功能的发挥；食品安全追溯体系实施成本高；食品安全可追溯信息缺乏标准规范；食品安全追溯体系的法律法规亟待完善。

第4章 食品安全认证与追溯耦合下农户行为分析

农户是食品生产的主要参与者，在可追溯信息传递和规范过程中扮演重要角色，农户响应行为直接影响着食品安全认证和追溯功能的有效发挥。本章从农户传递可追溯信息和利用认证标准规范可追溯信息两个方面研究农户响应行为。

4.1　假说和变量

本章在参考国内外相关文献的基础上，结合我国国情，依据计量经济学理论，选择并考察影响农户响应行为的因素。在个人特征方面，将"性别""年龄"变量纳入模型中，考察其对农户响应行为的影响。自改革开放以来，在城镇化过程中，农户在外出打工和从事农业之间进行选择，为了考察农户的农业生产经验对农户响应行为的影响，引入"农业生产年份"变量。"公司＋农户"型订单农业能够减少农户决策的盲目性，降低农业产业化的运行成本与风险（Miyata et al，2009）。订单合同可以要求农户传递可追溯信息，因此，本章将"是否签订订单"变量纳入考查范围。技术培训是农民采用技术重要的影响因素之一，参加技术培训对农民技术采用意愿有显著的正向影响（曹建民、胡瑞法和黄季焜，2005；应瑞瑶和朱勇，2014）。参加技术培训可以使农户更好理解食品安全认证和追溯体系，因此，将"是否参加技术培训"变量纳入考察范围。病害对农业生产影响很大，这是否会影响农户响应行为呢？本章尝试将"病害程度"变量纳入考察范围。

农户响应行为除了受到常规性控制变量的影响，还受到核心关联变量的影响。基于此，本章分别针对农户传递可追溯信息和利用认证标准规范可追溯信息行为，就核心关联变量，提出如下假说：

专业机构的监管是保证可追溯信息有效性的重要途径。目前，食品安全追溯体系尚未形成完善的监管机制，未有专业机构对可追溯信息进行监管，仅仅通过上下游主体之间的协作来完成可追溯信息的传递。因此，提出：

假说1：未来的专业机构监管下可追溯信息传递有效性与当前的农户传递可追溯信息之间存在反向关系。

供应链下游主体提高可追溯信息的精确度，不仅能激励自身提供更安全的产品，而且能同时激励供应链上游主体提供更安全的产品（浦徐进等，2013）。食品安全追溯体系的运行机制是要求通过上下游主体的协作来完成可追溯信息的有效传递，下游主体对可追溯信息的监管，可能会在一定程度上约束农户的道德风险行为，提高农户传递可追溯信息的积极性。因此，提出：

假说 2：下游主体监管可追溯信息，有利于农户传递可追溯信息。

食品行业实施追溯体系，使上下游企业信息共享和紧密合作，提高食品安全水平（Lecomte，Najar and Vergote，2003）。食品安全追溯体系建设关键在于科学管理可追溯信息。消费者和监管部门可以利用可追溯信息进行溯源追责，对相关责任人进行惩罚，进而保障食品安全。食品可追溯信息的高质量有利于保障食品安全这一属性对农户传递可追溯信息产生重要影响。因此，提出：

假说 3：可追溯信息质量越高，就越有效地保障食品安全，有利于农户传递可追溯信息。

农户利用认证标准规范可追溯信息，有效保障食品安全，长远来看有利于农户增加收益。农户在规范可追溯信息时，越是需要认证标准，可能考虑到当前可追溯信息的不规范和认证标准的规范功能方面，就越愿意在生产中利用认证标准规范可追溯信息。因此，提出：

假说 4：农户在规范可追溯信息时，对认证标准的需要程度越高，就越愿意在生产中利用认证标准规范可追溯信息。

可追溯信息反映生产情况的程度，关系到食品安全追溯体系的溯源和跟踪功能的发挥，体现出食品安全追溯体系的作用。当农户认为可追溯信息可以反映生产情况，也就认可了食品安全追溯体系的作用，就会产生加强食品安全追溯体系建设的动力。因此，提出：

假说 5：可追溯信息反映生产情况的认可度越高，农户利用认证标准规范可追溯信息的积极性就越高。

农户由于受教育程度偏低，缺乏相关技术培训，对食品安全认证与追溯体系认识不足，对食品安全认证与追溯体系的认知极易受到周围人的影响。周围人遵守食品安全规定程度会影响农户利用认证标准规范可追溯信息的积极性。因此，提出：

假说 6：周围人遵守食品安全规定程度越高，农户越愿意利用认证标准

规范可追溯信息。

在变量的测定方面，"年龄""农业生产年份"用实际数值表示，"性别""是否签订订单""是否参加技术培训""下游主体是否应该监管可追溯信息""可追溯信息质量是否有助于保障食品安全""是否将不合理行为输入可追溯信息"为虚拟变量，女或否＝0，男或是＝1；"可追溯信息反映生产情况"变量的测定，不能＝1，一般＝2，能够＝3；"周围人遵守食品安全规定程度"变量的测定，不太遵守＝1，一般＝2，严格遵守＝3。其余变量均采用Likert 5点量表来测度："利用认证标准规范可追溯信息"变量的测定，非常不愿意＝1，不太愿意＝2，一般＝3，比较愿意＝4，非常愿意＝5；"病害程度"变量的测定，非常轻＝1，比较轻＝2，一般＝3，比较重＝4，非常重＝5；"专业机构监管下可追溯信息反映现实情况"变量的测定，根本不可能＝1，不太可能＝2，一般＝3，有可能＝4，非常可能＝5；"认证标准规范可追溯信息需要程度"变量的测定，非常不需要＝1，不需要＝2，一般＝3，比较需要＝4，非常需要＝5。

4.2　数据来源及说明

本书选择东北、华东、华南3个样本区域，东北区域选择辽宁省沈阳市，华东区域选择山东省寿光市，华南区域选择广东省广州市。所选择区域为省会城市郊区或农业主产区所在城市郊区，主要考虑到，此区域食品安全认证、追溯体系发展较好或经济发展水平较高的地区，可以代表未来一段时间农户对食品安全认证和追溯体系判断的整体趋势。此外，本书的农户问卷主要围绕"可追溯信息传递意愿"和"利用认证标准规范可追溯信息"两个问题来设计，这两个问题具有一般性，对于养殖户和种植户的区分很小，因此，被调查的对象不加区分养殖户和种植户。此次调研任务是由辽宁石油化工大学、中国海洋大学管理学院、华南农业大学经济管理学院教师和学生完成。2014年4月开始实施预调研和正式调研，回收有效问卷368份。其中，沈阳市的有效问卷127份，寿光市的有效问卷118份，广州市的有效问卷123份。变量的描述性统计结果详见表4-1。

表 4 - 1　　　　　　　　　　描述性统计

变量名称	含义及单位	平均值	标准差	最小值	最大值
是否将不合理行为输入可追溯信息	否 = 0，是 = 1	0.38	0.49	0	1
利用认证标准规范可追溯信息	非常不愿意 = 1… 非常愿意 = 5	3.08	1.09	1	5
性别	女 = 0，男 = 1	0.56	0.50	0	1
年龄	岁	45.80	10.13	20	69
农业生产年份	年	20.70	12.14	1	48
是否签订订单	否 = 0，是 = 1	0.20	0.40	0	1
是否参加技术培训	否 = 0，是 = 1	0.31	0.46	0	1
病害程度	非常轻 = 1…非常重 = 5	2.75	0.91	1	5
专业机构监管下可追溯信息反映现实情况（即专业机构可追溯信息监管有效性）	根本不可能 = 1… 非常可能 = 5	2.98	0.98	1	5
下游主体是否应该监管可追溯信息（即下游主体监管）	否 = 0，是 = 1	0.69	0.46	0	1
可追溯信息质量是否有助于保障食品安全（即可追溯信息的作用）	否 = 0，是 = 1	0.68	0.47	0	1
认证标准规范可追溯信息需要程度（即认证标准的需要程度）	非常不需要 = 1… 非常需要 = 5	3.14	1.00	1	5
可追溯信息反映生产情况	不能 = 1，一般 = 2，能够 = 3	1.90	0.66	1	3
周围人遵守食品安全规定程度	不太遵守 = 1，一般 = 2，严格遵守 = 3	2.09	0.66	1	3

本章设定两个因变量"是否将不合理行为输入可追溯信息"和"利用认证标准规范可追溯信息"。通过对样本进行描述性统计，结果表明，"是否将

不合理行为输入可追溯信息"均值为 0.38，标准差为 0.49，说明不足一半的农户认为会将不合理行为输入可追溯信息。"利用认证标准规范可追溯信息意愿"均值为 3.08，标准差为 1.09，说明多数农户对利用认证标准规范可追溯信息持一般态度。

在所被调查的 368 位农户户主中，男性户主占多数，多为中年。从"农业生产年份"变量统计结果来看，从事农业生产的年数较长，农业生产经验较为丰富。"农户是否签订订单"和"是否参加技术培训"变量统计结果显示，大多数农户没有与农业企业签订订单，同时，只有少数农户参加技术培训，基本反映当前的农业生产情况。从"病害程度"变量统计结果来看，大多数农户认为自家在生产过程中没有发生严重的病害问题。"专业机构可追溯信息监管有效性"均值为 2.98，标准差为 0.98，说明农户总体上对"专业机构监管下的可追溯信息更能反映现实"持一般态度。此外，表 4 - 1 还显示，多数农户认为，下游主体应该监管食品安全可追溯信息，可追溯信息质量有助于保障食品安全；农户对认证标准的需求程度中等偏上；农户认为当前的可追溯信息不能很好地反映生产情况，周围人遵守食品安全规定程度一般。

4.3　农户对有效可追溯信息传递行为分析

本章主要运用 Logistic 模型分析农户传递可追溯信息行为的影响因素。Logistic 模型是将逻辑分布作为随机误差项概率分布的一种二元离散选择模型，适用于对利用效用最大化原则进行的选择行为的分析。Logistic 模型的基本形式如下：

$$P = F(Z) = \frac{1}{1 + e^{-z}} \tag{4.1}$$

式（4.1）中，Z 是变量 x_1，x_2，…，x_n 的线性组合，即：

$$z = b_0 + b_1 x_1 + \cdots + b_n x_n \tag{4.2}$$

对式（4.1）和式（4.2）进行变换，得到以发生比（odds）表示的 Logistic 模型形式：

$$\ln\left(\frac{p}{1-p}\right) = b_0 + b_1 x_1 + b_2 x_2 + \cdots + b_n x_n + e \qquad (4.3)$$

式（4.3）中，p 为农户会传递可追溯信息发生的概率；x_i（$i=1, 2, \cdots,$ n）为解释变量，即主要影响因素；b_0 为常数项，b_i 为第 i 个影响因素的回归系数；e 为随机误差。b_0 和 b_i 的值可用极大似然估计法来估计。农户可追溯信息传递行为的 Logistic 模型回归结果见表 4 - 2。

表 4 - 2　　　　农户可追溯信息传递行为的 Logistic 模型回归结果

自变量	系数	P > |z|
性别	0.16（0.64）	0.52
年龄	0.01（0.33）	0.74
农业生产年份	- 0.04 *（- 1.95）	0.05
是否签订订单	0.66 **（2.07）	0.04
是否参加技术培训	1.02 ***（3.74）	0.00
病害程度	- 0.15（- 1.10）	0.27
专业机构可追溯信息监管有效性	- 0.33 **（- 2.48）	0.01
下游主体监管	0.52 *（1.76）	0.08
可追溯信息的作用	0.86 ***（2.97）	0.00
常数项	- 0.20（- 0.21）	0.84
LR Chi 2	75.68	
Prob > Chi 2	0.0000	
Pseudo R^2	0.1551	
Log likelihood	- 206.11806	

注：括号中为 Z 值，*** 、** 和 * 分别表示在 1% 、5% 和 10% 水平上显著。

从模型回归结果可以看出，"农业生产年份"系数估计值为负数且显著，说明农户从事农业生产年份越长，其传递可追溯信息的积极性越小。这可能由于从事农业生产年数越长，农户常常遵循长期形成的生产经验，难以接受新的生产管理方式，可追溯信息的传递积极性越低。"是否签订订单"系数估计值为正数且显著，说明农户越是愿意与农业企业签订订单合同，其传递可追溯信息的积极性就越高。农户与企业签订订单合同可以减少农户生产的盲目性，促进农民增收。但农户也必须按照合同规定传递可追溯信息，保障食品安全。因此，通过与企业签订订单合同，可以提高农户传递可追溯信息的积极性。"是否参加技术培训"系数估计值为正数且显著，说明参加技术培训对农户传递可追溯信息具有正向影响。参加技术培训可以帮助农户对认证与追溯体系有更深入的了解。农户对传递可追溯信息了解越全面，对传递可追溯信息重要性意识就越深刻，其传递可追溯信息的积极性就越强。

"专业机构可追溯信息监管有效性"系数估计值为负数且显著，说明未来的专业机构监管下的可追溯信息传递有效性与现实中农户传递可追溯信息存在反向关系。专业机构对可追溯信息严格监管，可以促使可追溯信息有效反映现实生产情况，但是，我国目前缺乏专业的可追溯信息监管机构，农户为了增加收益易于发生道德风险行为，导致农户可追溯信息传递积极性下降，假说 1 在此处得到了验证。"下游主体监管"系数估计值为正数且显著，说明下游主体越是监管可追溯信息，农户传递可追溯信息的积极性越强。下游企业作为食品供应链的一个重要环节，对农户生产信息进行监管，在维护自身利益同时，也约束了农户生产过程中的道德风险行为，促使农户传递可追溯信息。模型估计结果验证了假说 2 的正确性。"可追溯信息的作用"系数估计值为正数且显著。高质量可追溯信息可以保证及时发现问题食品，保障食品安全，农户基于社会责任的考虑，倾向于传递有效的可追溯信息，模型估计结果说明假说 3 通过了验证。

4.4　农户利用认证标准规范可追溯信息的意愿分析

本章运用 Ordered Logistic 回归模型，分析农户利用认证标准规范可追溯信息意愿的影响因素。Ordered Logistic 模型可表述如下：

$$y^* = X'\beta + \varepsilon \tag{4.4}$$

式（4.4）中，y^* 是一个无法观测的潜变量，它是与因变量对应的潜变量，X 为一组解释变量，β 为相应的待估参数，ε 为服从逻辑分布（Logistic distribution）的误差项。y^* 与 y 的关系如下：

$$\begin{cases} y = 1,\ \ddot{\Xi}\,y^* \leqslant \mu_1 \\ y = 2,\ \ddot{\Xi}\,\mu_1 < y^* \leqslant \mu_2 \\ \cdots \\ y = j,\ \ddot{\Xi}\,\mu_{j-1} < y^* \end{cases} \tag{4.5}$$

式（4.5）中，$\mu_1 < \mu_2 < \cdots < \mu_{j-1}$ 表示通过估计获得的临界值或阈值参数。给定 X 时因变量 y 取每一个值的概率如下：

$$\begin{cases} P(y = 1 \mid X) = P(y^* \leqslant \mu_1 \mid X) = P(X'\beta + \varepsilon \leqslant \mu_1 \mid X) = \Lambda(\mu_1 - X'\beta) \\ P(y = 2 \mid X) = P(\mu_1 < y^* \leqslant \mu_2 \mid X) = \Lambda(\mu_2 - X'\beta) - \Lambda(\mu_1 - X'\beta) \\ \cdots \\ P(y = j \mid X) = P(\mu_{j-1} < y^* \mid X) = 1 - \Lambda(\mu_{j-1} - X'\beta) \end{cases} \tag{4.6}$$

式（4.6）中，$\Lambda(\cdot)$ 为分布函数。Ordered Logistic 模型的参数估计采用极大似然估计法（Maximum likelihood method），但自变量 X 对因变量各个取值概率的边际效应并不等于系数 β，可用公式表示为：

$$\begin{cases} (\partial P_1 / \partial x_k) = -\beta_k \varnothing(\mu_1 - X'\beta) \\ (\partial P_2 / \partial x_k) = -\beta_k [\varnothing(\mu_2 - X'\beta) - \varnothing(\mu_1 - X'\beta)] \\ \cdots \\ (\partial P_j / \partial x_k) = \beta_k \varnothing(\mu_{j-1} - X'\beta) \end{cases} \tag{4.7}$$

式（4.7）中，$k(k = 1,\ 2,\ \cdots)$ 为自变量的个数，$\varnothing(\cdot)$ 为密度函数。在农户利用认证标准规范可追溯信息模型中，j 的赋值为 1、2、3、4 和 5，分别表示非常不愿意、不太愿意、一般、比较愿意、非常愿意利用认证标准规范可追溯信息。

本章利用 Stata 13.0 统计软件进行模型的估计。农户利用认证标准规范可追溯信息意愿的 Ordered Logistic 模型回归结果如表 4 - 3 所示，模型的对数似然比检验的显著性水平为 P = 0.00 < 0.05，说明模型总体拟合效果较好。

表 4 - 3　农户利用认证标准规范可追溯信息意愿的 Ordered Logistic 模型回归结果

解释变量	系数	标准差	P > |z|
性别（x_1）	0.27（1.36）	0.20	0.18
年龄（x_2）	0.00（0.22）	0.02	0.82

续表

解释变量	系数	标准差	P > │z│
农业生产年份（x_3）	−0.00（−0.24）	0.02	0.81
是否签订订单（x_4）	0.30（1.06）	0.29	0.29
是否参加技术培训（x_5）	0.50**（2.07）	0.24	0.04
病害程度（x_6）	0.00（0.02）	0.11	0.98
认证标准的需要程度（x_7）	0.92***（7.78）	0.12	0.00
可追溯信息反映生产情况（x_8）	0.41**（2.56）	0.16	0.01
周围人遵守食品安全规定程度（x_9）	0.36**（2.39）	0.15	0.02
临界值1	2.10	0.89	
临界值2	3.88	0.91	
临界值3	5.47	0.93	
临界值4	7.91	0.97	
LR Chi 2	114.65		
Prob > Chi 2	0.00		
Pseudo R^2	0.11		
Log likelihood	−482.73		

注：括号中为 Z 值，***、**和*分别表示在1%、5%和10%水平上显著。

从模型回归结果可以看出，"是否参加技术培训"系数估计值为正数且显著，说明农户越是参加技术培训，其利用认证标准规范可追溯信息意愿越强。农户参加技术培训，在思想上除了提高对传递可追溯信息重要性的认知外，还可更好地理解利用认证标准规范可追溯信息的流程。因此，参加技术培训提高了农户利用认证标准规范可追溯信息的积极性。"认证标准的需要程度"变量系数估计值为正数且显著，农户对认证标准规范可追溯信息的需要程度越高，一方面，体现出现有可追溯信息的不规范，另一方面，体现出认证标准得到农户的认可，从而越愿意利用认证标准规范可追溯信息，验证了假说4的合理性。"可追溯信息反映生产情况"变量系数估计值为正数且显著。农户越认为可追溯信息能够反映生产情况，也就越认可食品安全追溯体系，从而越愿意利用认证标准规范可追溯信息，参与到食品安全追溯体系建设中。模型估计结果验证了假说 5 的合理性。"周围人遵守食品安全规定程度"系数估计值为正数且显著。农户接受新事物的渠道较少，其经济行为易受到周围人的影响。模型估计结果表明假说 6 符合实际情况。

表 4-3 的参数估计给出的是各个解释变量对因变量的影响，现在来考察这些因素对观察到的因变量的各个取值概率的边际影响。利用表 4-3 的估计值，并运用前文所述的自变量边际效应的算法，可以计算获得各个因素对因变量取值概率的边际影响。表 4-4 报告了各个自变量对因变量取值概率的边际影响。

表 4-4　　　解释变量对农户利用认证标准规范可追溯信息意愿的边际效应

	y = 1	y = 2	y = 3	y = 4	y = 5
x_1	-0.02 (0.01)	-0.03 (0.02)	-0.00 (0.00)	0.03 (0.02)	0.02 (0.01)
x_2	-0.00 (0.00)	-0.00 (0.00)	-0.00 (0.00)	0.00 (0.00)	0.00 (0.00)
x_3	0.00 (0.00)	0.00 (0.00)	0.00 (0.00)	-0.00 (0.00)	-0.00 (0.00)
x_4	-0.02 (0.02)	-0.03 (0.03)	-0.01 (0.01)	0.04 (0.04)	0.02 (0.02)
x_5	-0.04 ** (0.02)	-0.05 ** (0.02)	-0.01 * (0.01)	0.06 ** (0.03)	0.03 ** (0.02)
x_6	-0.00 (0.01)	-0.00 (0.01)	-0.00 (0.00)	0.00 (0.01)	0.00 (0.01)
x_7	-0.07 *** (0.01)	-0.09 *** (0.01)	-0.02 ** (0.01)	0.11 *** (0.01)	0.06 *** (0.01)
x_8	-0.03 ** (0.01)	-0.04 ** (0.02)	-0.01 * (0.00)	0.05 ** (0.02)	0.03 ** (0.01)
x_9	-0.03 ** (0.01)	-0.04 ** (0.01)	-0.01 * (0.00)	0.04 ** (0.02)	0.02 ** (0.01)

注：括号内为标准差；*** 、** 和 * 分别表示在 1%、5% 和 10% 水平上显著。

表 4-4 中 y 代表农户利用认证标准规范可追溯信息意愿，x_1、x_2、x_3、x_4、x_5、x_6、x_7、x_8、x_9 分别代表"性别""年龄""农业生产年份""是否签订订单""是否参加技术培训""病害程度""认证标准的需要程度""可追溯信息反映生产情况""周围人遵守食品安全规定程度"变量。其中变量 x_5、x_7、x_8、x_9 对 y 的取值概率的边际影响都是显著的。

x_7（认证标准的需要程度）对 y 的取值概率的边际影响显著，在各变量中的边际影响最大。具体地，变量 x_7（认证标准的需要程度）对 y（农户利用认证标准规范可追溯信息意愿）取值非常不愿意、不太愿意和一般（y =

1、$y=2$ 和 $y=3$）的概率的边际影响为负数，也就是说，x_7（认证标准的需要程度）在均值处每增加 1，农户非常不愿意、不太愿意和一般愿意利用认证标准规范可追溯信息的概率就分别减少 7%、9% 和 2%；x_7（认证标准的需要程度）对 y（农户利用认证标准规范可追溯信息）取值比较愿意和非常愿意（$y=4$ 和 $y=5$）的概率的边际影响为正数，也就是说，x_7（认证标准的需要程度）在均值处每增加 1，农户比较愿意和非常愿意利用认证标准规范可追溯信息的概率就分别增加 11% 和 6%。由此可知，"认证标准的需要程度"变量显著影响农户利用认证标准规范可追溯信息意愿。而且通过边际分析结果可以发现，"认证标准的需要程度"在各变量中对农户利用认证标准规范可追溯信息意愿的影响程度最大，说明在经济生活中，"有效需求"更能刺激利益主体做出相应经济行为。边际分析结果进一步验证假说 4 的正确性。

类似地，变量 x_5（是否参加技术培训）对 y 的取值概率的边际影响显著，在各变量中的边际影响较大。农户参加技术培训，有助于农户理解执行认证标准的流程和方法，有利于提高农户利用认证标准规范可追溯信息的积极性。x_8（可追溯信息反映生产情况）对 y 的取值概率的边际影响较为显著，边际影响仅次于 x_7（认证标准的需要程度）和 x_5（是否参加技术培训）变量。可追溯信息越能够反映生产情况，农户就越认可食品安全追溯体系，其利用认证标准规范可追溯信息意愿随之提高。边际分析结果验证了假说 5 的正确性。x_9（周围人遵守食品安全规定程度）对 y 的取值概率的边际影响较为显著。周围人遵守食品安全规定程度越高，起到了带动作用，农户利用认证标准规范可追溯信息积极性就越高，边际分析结果表明假说 6 符合实际情况。

4.5　本章小结

本章实证分析了食品安全认证与追溯体系耦合下的农户响应行为，探讨了农户传递可追溯信息和利用认证标准规范可追溯信息的影响因素。本章得到的主要结论是：第一，未来的专业机构监管下的可追溯信息传递有效性与现实中农户传递可追溯信息存在反向关系。专业机构对可追溯信息严格监管，可以促使可追溯信息更有效反映现实生产情况，但我国目前缺乏专业的可追溯信息监管机构，农户为了增加收益而发生道德风险行为，降低了可追溯信息传递积极性。第二，下游主体监管可追溯信息提高了农户传递可追溯信息的积极性。下游企业是食品供应链的重要环节，是连接农户和消费者的重要纽带，下游企业对可追溯信息的监管有利于约束农户的道德风险行为，提高了农户有效传递可追溯信息的积极性。第三，可追溯信息的作用越大，越能够保障食品安全，提高了农户传递可追溯信息的积极性。高质量可追溯信息可以保证及时发现问题食品，保障食品安全，农户基于社会责任的考虑，倾向于传递有效的可追溯信息。第四，认证标准的需要程度，提高了农户利用认证标准规范可追溯信息的积极性。农户对认证标准规范可追溯信息的需要程度越高，一方面体现现有可追溯信息的不规范，另一方面体现认证标准得到农户的认可，从而越愿意利用认证标准规范可追溯信息。第五，可追溯信息越能够反映生产情况，食品安全追溯体系越能够得到农户的认可，农户也就越愿意利用认证标准规范可追溯信息，积极地参与到食品安全追溯体系建设中。第六，周围人遵守食品安全规定提高了农户利用认证标准规范可追溯信息的积极性，农户受周围人经济行为的影响较大。

第5章 食品安全认证与追溯耦合下的企业行为分析

食品企业是食品供应链中的重要主体，起到连接农户和市场的作用，对食品安全产生重要的影响。企业参与食品安全认证与追溯耦合体系受多方因素的影响。

5.1　企业参与食品安全认证与追溯耦合体系的影响因素

对于企业参与食品安全认证与追溯耦合体系的行为意愿，本章拟从收益、成本、品牌实力、企业的责任担当、企业目前安全管理水平、政策制度等方面进行探讨。

5.1.1　预期收益

企业对参与认证与追溯耦合体系带来的收益的预期直接影响到企业参与该体系的积极性。显然，企业的预期收益越高，参与该体系的积极性就越强，相反，预期收益越低，参与该体系的积极性就越弱。

企业的预期收益来自于两部分：显性收益与隐性收益。显性收益主要取决于销量、价格等因素，企业实施食品安全认证、追溯体系的目的都是要证明产品的安全性，得到消费者的认可与信任，以期通过优质优价增加利润。而食品安全认证与追溯耦合体系相较于两相独立的认证制度与追溯制度而言，对各主体的制约性更强，其产品安全的可信度也会更强。隐性收益是由于参与认证与追溯耦合体系带来的隐蔽性的、难以测算的收益。例如，由于认证与追溯耦合体系对食品安全各责任主体制约性的增强，会更加有效地避免食品安全事故的发生，减少企业因食品安全事故发生的损失，同时会提高企业的信誉度。

5.1.2　成本

成本也是企业做出决策要考虑的重要因素，追求利益最大化的企业总是期望更小的成本投入，而投入总是伴随着风险，因而，若某项决策涉及的成本较高，则企业在决策时会格外慎重，决策的顾虑也比较多。在食品安全认证与追溯方面，企业为达到认证要求的标准往往要有一定的投入，如环境的改善、工艺流程的完善等。同样，实施追溯也会伴随着一定的投资，这些体系往往会耗费大量的人、财、物，这都会影响到企业的决策。对于已经实施认证、追溯制度的企业来说，参与该耦合体系额外增加的成本的大小会影响其参与的积极性。

5.1.3　品牌实力

由于食品安全认证与追溯耦合体系提高了食品安全信息监管、传递的有效性，其带来的很重要的一个好处就是能够减少负效应的出现，其对于维护企业的品牌声誉有重要的作用。企业的品牌实力越强，品牌声誉越好，企业就越愿意为维护这种品牌上的优势而采取各种有效的措施，因为若品牌形象受损，企业遭受的损失是十分巨大的（Mokina，2014）。相反，企业的品牌实力越弱，品牌优势不明显，企业往往不会特别重视维护品牌形象，而且这些企业的实力往往不够强，参与认证、实行追溯体系的较少，可能会缺少参与耦合体系的某些必要条件。

5.1.4　企业的责任担当

在食品安全事故中，各利益主体往往都负有责任，对于责任意识较强的企业来说，其不会逃避责任，也更加愿意规范自身的生产行为，所以参与耦合体系的意愿较强。此外，食品安全有利于维护消费者的权益，保障社会安定，其社会意义是显而易见的。企业是否愿意参与认证与追溯耦合体系，发挥其社会效益，还与企业对社会责任的担当有关。社会责任感淡薄的企业往往不愿意为发挥更好的社会效益而做出某项决策，因而参与耦合体系的意愿不强。但对于企业来说，除了追求利益最大化外，还应该自觉承担社会责任，二者往往是相辅相成的。

5.1.5　企业目前安全管理水平

参与食品安全认证与追溯耦合体系对企业在食品安全上的管理要求更加严格，若企业目前的管理水平较高，已经按照规定操作，则参与耦合体系不会对企业目前的管理带来太大的影响，也就是说企业基本不需要对之前的管理做出太大的变动，则参与耦合体系的意愿较强。

5.1.6　政策制度

企业做出的任何决策总是受到政府的政策制度影响的。参与食品安全认证与追溯耦合体系是出于政策法律的规定还是基于各利益主体之间的契约，对于企业参与意愿和态度的影响力是不同的。利用法律的强制性特点，规定食品企业须参与认证与追溯耦合体系，或者通过政策激励，对于参与耦合体系的企业给予一定补贴奖励等，都会对企业参与耦合体系的主观意愿产生不同程度的影响。

5.2　典型企业案例分析[①]

5.2.1　山东巧媳妇食品集团

5.2.1.1　企业概况

山东淄博巧媳妇食品集团最早可追溯到 1930 年临淄辛店的手工酱油作坊，公司主要生产"巧媳妇"系列调味品，下设酱油、食醋、酱品、酱菜和干调五大系列，产品种类达到数十个，年产酱油 50000 吨，食醋 25000 吨，

---

① 本节案例根据调研情况总结而成。

酱类 10000 吨。"巧媳妇"系列调味品曾被山东省评为"山东省名牌""山东省著名商标"。2004 年，"巧媳妇"原汁酱油被中国绿色食品发展中心认定为"绿色食品"。"巧媳妇"系列产品于 2006 年被评为"国家免检产品"。2006 年 9 月，"巧媳妇"牌酱油又被我国名牌战略推进委员会评为"中国名牌"产品。

集团从原材料采购到产品出厂都实行严格规范的程序化管理，实现产品的全程可追溯，并且通过了"绿色食品"认证。企业员工人数约 1500 人，食品安全认证、追溯管理工作人员约为 150 人。

5.2.1.2 影响因素分析

收益成本：巧媳妇集团目前从现有认证、追溯制度中得到的收益与之前预期基本一致。具体来讲，该集团通过实施认证、追溯得到的最大的好处就是不出现负效益，因为认证、追溯与其他投资的性质不同，其他方面的投资可以通过一个正数来体现效益，而认证、追溯控制的好处就是不出安全问题，控制得不好可能会有一些诸如罚款的损失。由此看出，巧媳妇集团得到的效益主要指隐性收益，而这种隐性收益的发挥需要安全上的长效保障，参与认证与追溯耦合体系是对这种效益的良好提升手段。

巧媳妇集团在申请认证时，额外增加投资 300 余万元，以后平均每年投资额在 50 万元左右，认证机构收费较低，在 3 万元以内。最初实施追溯体系时，额外增加的投资较少，基本是内部管理的细化，主要是增加了一些与追溯有关的机构、人员的费用，大约 10 万元。

品牌实力：巧媳妇品牌先后被认定为"山东省名牌""山东省著名商标""中国名牌"，并被认证为绿色食品，且实现了安全可追溯，这些使得其所生产的调味品品质有保障，进而促使其具有较好的品牌形象，尤其在山东省内认可度较高。企业要保持其在调味品领域的品牌形象，必定对安全更加重视，品牌上的这种效益对于其参与食品安全认证与追溯耦合体系会产生一定影响。

企业的责任担当：巧媳妇集团认为食品企业对食品安全负有主要责任，认证是一种规范，本身是有积极意义的，现在一些企业往往在体系运行方面没有严格按照要求进行，存在诸多违规问题，这些都是不应该发生的，并认为追溯方面也需要企业自身努力，追溯体系本身不可能具体为每个企业制定具体追溯方案。但巧媳妇集团觉得实施认证或者追溯后，责任主要由企业自己承担，目前未考虑认证机构的责任。巧媳妇集团自身责任感较强，这种责任感对参与食品安全认证与追溯耦合体系有一定的促进作用。但对于认证机构的责任还没有足够的认识，未有一个全局性的、整体的全链条责任观念，这种认识上的不足会影响其参与耦合体系的主观意愿。

企业目前安全管理水平：巧媳妇食品的每个分厂都建立了食品管理部门，负责所属公司的进货检验、过程检验及成品出厂检验。公司化验室配备了先进的检测设备，如原子荧光分光度计、原子吸收分光度计、高效液相色谱仪等，能对重金属、农残、黄曲霉素、致病菌等各项安全指标进行全面检测，且对每个分公司各种检测数据进行监督考核，确保检验结果的准确性。企业形成了一套从供应商到消费者整个食品链的安全监控机制，以确保产品的安全。企业目前的安全管理水平较高，参与耦合体系额外增加的成本较少，参与耦合体系的积极性较大。

政策制度：为贯彻落实《国务院关于加强食品安全工作的决定》，山东省政府提出的实施意见要求加强政府监管与落实企业主体责任相结合，强化激励约束，治理道德失范。巧媳妇集团的产品已通过绿色食品认证，且有能力做到食品安全的全程可追溯，其认证与追溯紧密相连，已成为质量管理的手段，若加以相关政策的激励，使得其更加重视产品安全。

5.2.2 山东三星玉米产业科技有限公司

5.2.2.1 企业概况

山东三星玉米产业科技有限公司是国内第一家专业生产和研发玉米油的生产厂家，自1997年在国内率先擎起"玉米健康油"的大旗，历经十余载，现已具备年加工玉米胚芽120万吨，年产精炼玉米油40万吨和小包装年灌装40万吨的生产能力，是目前国内规模最大的专业生产和出口玉米油的企业，是国内唯一的国家玉米油产业研发基地，凭借领先行业的理念与实力，成功缔造了我国玉米油领导品牌——"长寿花"，长寿花商标被认定为"中国驰名商标""山东省著名商标"。

企业已通过绿色食品认证，实现了食品质量全程的可追溯。且通过 ISO9001 质量管理体系认证、ISO14001 环境管理体系认证、ISO22000 食品安全管理体系认证、IP 非转基因身份保持认证和 AAA 级国家标准化良好行为企业认证。

5.2.2.2 影响因素分析

品牌实力："长寿花"品牌作为我国玉米油的领先品牌，由著名主持人倪萍代言，具有较高的市场知名度，品牌价值较高，为维护品牌形象，企业对食用油的安全必定十分重视，企业参与认证与追溯耦合体系在保证食品安全上与企业意志是一致的。

企业的责任担当：对于食品安全责任主体的认知，该公司认为食品加工企业和物流企业负有主要责任，且认为当前认证、追溯制度不健全，制约性不够。该公司自身责任感较强，但未强调认证机构的责任。与山东巧媳妇食品集团案例类似，企业全链条的责任意识有待建立并强化，这种全面的责任意识有助于提升企业参与认证与追溯耦合体系的意愿。

企业目前质量安全管理水平：公司拥有全自动灌装车间，可实现吹瓶、贴标、灌装、压盖、打码、装箱一条龙生产，玉米油产出后采用独创的全程氮气保鲜法，确保玉米油的品质与安全。公司不断加大质量管理体系建设，先后取得绿色食品等多项认证，并建立从原料采购到产品生产、成品储运销售的全过程质量管理规程，且设有专门的食品监察部门。产品安全追溯体系使每瓶产品都可找到其第一责任人，从产地到餐桌，长寿花实现了食品安全的无缝衔接。目前公司的食品安全认证与追溯执行情况均较好，利于参与耦合体系。

政策制度：不时发生的地沟油事故使食用油的安全性受到广泛关注，国家相关部门也颁布了一些规章，如《国务院办公厅关于加强地沟油整治和餐厨废弃物管理的意见》《严厉打击"地沟油"违法犯罪专项工作方案》，天津等地区已要求食用油质量须可追溯。各个行业、部门、地区可根据自身特点来进行政策制度上的安排，以使政策更具可行性，并鼓励企业参与认证、实施追溯，这样可以为食品安全认证与追溯耦合体系创造必要的条件。

5.2.3　好想你枣业股份有限公司

5.2.3.1　企业概况

好想你枣业股份有限公司是一家集红枣种植加工、冷藏保鲜、科技研发、贸易出口、观光旅游为一体的综合型企业。公司以市场需求为导向，以技术创新为动力，以品牌经营为核心，以科学管理为手段，坚持产品系列化、高端化、健康营养化的战略方针，不断扩大产品的市场占有率和品牌知名度，目前已成为红枣行业的龙头企业。目前建立有河南新郑、河北沧州、新疆若羌、新疆阿克苏4个生产加工基地，自建原料基地8000余亩，员工3000余人，销售网络遍及全国300多个城市近2000家专卖店。

近年来，公司获得国家农业产业化重点龙头企业称号、农业产业化行业十强龙头企业称号、全国食品安全示范单位、全国食品行业优秀食品龙头企业，好想你公司制定的免洗红枣标准被国家质检总局认定为国家标准。好想你枣业坚持"生态、环保、营养、健康、富民、强国"的产业理念，公司产品已通过有机食品认证，并且实现了安全可追溯。

5.2.3.2　影响因素分析

收益成本：目前好想你公司实行安全可追溯，相关人员表示从目前已经实施的追溯中得到了明显的效益，可见该公司食品安全性的提高得到了消费者的认可，而参与认证与追溯耦合体系可以强化这种认可度。公司前期在参与认证与实行追溯时已做一定的投入，若参与耦合体系额外增加的投资较少，这对于企业参与耦合体系是一种促进。

品牌实力：好想你公司的"好想你""枣博士"商标被国家商标总局认定为中国驰名商标，该公司产品连续五年全国销量领先，品牌知名度、认可度较高。好想你致力于打造优秀的品牌，品牌观念较强，期望以强大的品牌效应来提高企业的效益，因而对于品牌形象、口碑的维护十分重视，这种战略会提高企业参与耦合体系的意愿。

企业的责任担当：好想你公司热心社会公益事业，积极投身于地方修桥、铺路等基础建设，筹划好想你希望小学，坚持每年"关爱女孩"资金资助、贫困大学生资金帮扶，捐助雅安地震现金及物资共计 110 余万元等，用实际行动履行民营企业的责任与担当。强调企业经济主体之外的社会主体的角色，增强企业的社会责任感，使企业加深对食品安全的认识会增强企业参与耦合体系的意愿。

企业目前质量安全管理水平：好想你公司目前对于食品安全的管理水平较高，原料精心筛选、就近建冷库储藏、严格的生产流程、公司直接配送到专卖店的销售方式等都保障了产品的质量。

5.3 本章小结

本章案例涉及的企业有两家通过了绿色食品认证，有一家通过了有机食品认证，并且均实现了食品安全可追溯，所以对其参与认证与追溯耦合体系意愿的影响因素进行分析有一定的代表性。上述企业均从目前所实行的食品安全认证和追溯体系中提高了效益，为达到目前管理水平，前期投入较完备，参与耦合体系的额外投资较少。且从品牌实力看，"好想你"获中国驰名商标，"长寿花"玉米油和"巧媳妇"调味品均具有一定的知名度。因而从这个角度看，企业参与耦合体系的积极性较高。

企业的责任意识对其参与耦合体系十分重要。本章案例企业均认为食品加工企业对食品的安全应负有责任，但基本都未强调认证机构的责任，只是单纯地将其作为一个前期的认证方，未有太多后续的交涉。而耦合监管恰恰强调了认证机构的责任，企业对认证机构责任程度的认知不够会阻碍其参与耦合体系的积极性。因而应转变企业的责任观念，在政策、舆论上强调认证机构的重要责任。

政策制度对于促进耦合体系的建设，提高企业参与积极性有重要作用。案例中涉及的企业均表示未从政府得到有关认证或追溯的补贴，而相关法律法规的不完善，相关标准不统一且落后于国际，与现实需要不相符合，这阻碍了企业对食品质量管理体系的进一步完善。民众对绿色食品、有机食品、可追溯的认识还不够，这在一定程度上也会阻碍耦合体系的推广和实施。

第6章 食品安全认证与追溯耦合下超市行为分析

超市是认证与追溯耦合属性食品流入消费者的最终端，是食品安全管理的最后环节。超市在认证与追溯耦合属性食品的流通方面发挥重要作用，其对认证与追溯耦合属性食品的安全性也会产生较大影响。因此，本章考虑了超市对食品安全认证与追溯耦合体系的参与行为。

6.1　假说和变量

认知是对作用于人的感觉器官的外界事物进行信息加工的过程（Hoffman，2014）。认知程度越高，对外界事物的信息加工越具体，越有利于指导人们的实践。对认证与追溯体系的认知影响相关利益主体的经济行为。王志刚和毛燕娜（2006）探讨了消费者对 HACCP 的认知程度和支付意愿，研究结果表明，消费者对 HACCP 认证认知程度越高，就越愿意接受和购买认证产品，并为其支付更多。姜励卿（2008）分析了蔬菜种植农户参与食品安全追溯体系的意愿，结果显示，提高农户对追溯制度本身的理解和认知，可以显著提高农户参与食品安全追溯体系的意愿。同样，超市是食品供应链的重要利益主体，对食品安全认证与追溯体系的认知程度是否会影响超市经营该类食品的意愿？本章提出以下假说：

假说 1：超市对食品安全认证与追溯体系的认知程度越高，就越愿意经营认证与追溯耦合属性食品。

周洁红和张仕都（2011）在对浙江省蔬菜批发市场供货商进行实证调研时发现，批发市场供货商是物流和安全信息流集中与分配的节点，能够最经济地实现蔬菜安全信息的收集和传播。超市为了提高"集客能力"必须保证食品安全，而供货商的信用直接影响着食品安全可追溯信息是否得到有效传递，因此对供货商信用的注重度对超市经营具有重要作用。对于认证与追溯耦合属性食品而言，对供货商信用注重度越高是否意味着超市越愿意经营该类食品？本章提出以下假说：

假说 2：超市对供货商信用注重度越高，越愿意经营认证与追溯耦合属性食品。

供应链下游主体提高可追溯信息的精确度，能激励自身提供更安全的产品。超市是食品供应链的重要环节。超市对提供经营信息的态度越积极，说明超市在食品安全管理中主动性较高，经营认证与追溯耦合属性食品的意愿也就越强。本章提出以下假说：

假说 3：超市对提供经营信息的态度越积极，越愿意经营认证与追溯耦合属性食品。

超市对认证与追溯耦合属性食品经营意愿除了受到核心关联变量的影响，还受到常规性控制变量的影响。基于此，本章在已有研究的基础上，并结合实际情况，选择了常规性控制变量。

实现利润最大化是利益主体从事经济行为的主要出发点。认证与追溯耦合属性食品的经营利润是否会影响超市对该类食品的经营？本章将"认证与追溯耦合属性食品经营利润"变量纳入考察范围。农业产业化经营有利于带动广大农户按照市场需求进行专业化、集约化生产，提高农业综合生产效益（朱湖根等，2007）。同样，超市实行"超市＋基地"的产业化经营模式有利于降低生产成本，提高生产效率。为了考察产业化经营对认证与追溯耦合属性食品经营意愿的影响，引入"产业化经营"变量。指出，成本的降低与连锁商店的规模成正比（Guya and Clark，2005）。王真和王增娟（2012）探讨了我国大型连锁超市的经营规模和经营业绩之间的关系，发现我国大型连锁超市的经营规模对企业产出有正向的影响。因此，企业经营规模对于企业发展具有重要作用。超市经营规模是否会影响其对认证与追溯耦合属性食品的经营意愿？本章引入"经营规模"变量。食品安全事件频发导致消费者更加注重食品的安全属性。认证与追溯耦合属性食品以其安全性易于得到消费者的认可，这是否会增加超市对认证与追溯耦合属性食品的经营意愿？本章引入"食品安全事件发生频率"变量。此外，在个人特征方面，本章将"年龄""性别"变量纳入模型中，考察其对超市认证与追溯耦合属性食品经营意愿的影响。

在模型中，自变量的量化方法借鉴了国外研究的相关做法，虚拟变量用 0、1 表示；其他变量借鉴李克特量表（Likert scale）理论，对变量进行分级测定，即用 1、2、3、4、5 来测定；"年龄"变量用实际数值表示，变量说明见表 6 - 1。

表 6-1　　　　　　　　　　　　　　变量说明

变量名称	含义及单位
超市管理者年龄（x_1）	实际数值
超市管理者性别（x_2）	女=0，男=1
认证与追溯耦合食品经营利润（x_3）	非常低=1，比较低=2，一般=3，比较高=4，非常高=5
产业化经营（x_4）	否=0，是=1
经营规模（x_5）	小型=1，中型=2，大型=3
认证、追溯体系认知度（取均值）（x_6）	非常不了解=1，不太了解=2，一般=3，比较熟悉=4，非常熟悉=5
供货商信用注重度（x_7）	否=0，是=1
食品安全事件发生频率（x_8）	非常小=1，比较小=2，一般=3，比较大=4，非常大=5
经营信息提供态度（x_9）	否=0，是=1
认证与追溯耦合属性食品经营意愿（y）	非常不愿意=1，不太愿意=2，一般=3，比较愿意=4，非常愿意=5

鉴于因变量属于多分类有序变量，采用线性模型会存在很大缺陷，因此，本章采用 Ordered Logistic 模型。Ordered Logistic 模型可表述如下：

$$y^* = X'\beta + \varepsilon \qquad (6.1)$$

式（6.1）中，y^* 是一个无法观测的潜变量，它是与因变量对应的潜变量，X 为一组解释变量，β 为相应的待估参数，ε 为服从逻辑分布（Logistic distribution）的误差项。y^* 与 y 的关系如下：

$$\begin{cases} y=1, & \text{若}\, y^* \leqslant \mu_1 \\ y=2, & \text{若}\, \mu_1 < y^* \leqslant \mu_2 \\ \cdots \\ y=j, & \text{若}\, \mu_{j-1} < y^* \end{cases} \qquad (6.2)$$

式（6.2）中，$\mu_1 < \mu_2 < \cdots < \mu_{j-1}$ 表示通过估计获得的临界值或阈值参数。给定 X 时因变量 y 取每一个值的概率如下：

$$
\begin{cases}
P(y=1 \mid X) = P(y^* \leqslant \mu_1 \mid X) = P(X'\beta + \varepsilon \leqslant \mu_1 \mid X) = \Lambda(\mu_1 - X'\beta) \\
P(y=2 \mid X) = P(\mu_1 < y^* \leqslant \mu_2 \mid X) = \Lambda(\mu_2 - X'\beta) - \Lambda(\mu_1 - X'\beta) \\
\cdots \\
P(y=j \mid X) = P(\mu_{j-1} < y^* \mid X) = 1 - \Lambda(\mu_{j-1} - X'\beta)
\end{cases}
\tag{6.3}
$$

式（6.3）中，$\Lambda(\cdot)$ 为分布函数。Ordered Logistic 模型的参数估计采用极大似然估计法（Maximum likelihood method），但自变量 X 对因变量各个取值概率的边际效应并不等于系数 β，可用公式表示为：

$$
\begin{cases}
(\partial P_1 / \partial x_k) = -\beta_k \emptyset(\mu_1 - X'\beta) \\
(\partial P_2 / \partial x_k) = -\beta_k [\emptyset(\mu_2 - X'\beta) - \emptyset(\mu_1 - X'\beta)] \\
\cdots \\
(\partial P_j / \partial x_k) = \beta_k \emptyset(\mu_{j-1} - X'\beta)
\end{cases}
\tag{6.4}
$$

式（6.4）中，$k(k=1，2，\cdots)$ 为自变量的个数，$\emptyset(\cdot)$ 为密度函数。在超市认证与追溯耦合属性食品经营意愿模型中，j 的赋值为 1、2、3、4 和 5，分别表示非常不愿意、不太愿意、一般、比较愿意、非常愿意经营认证与追溯耦合属性食品。

6.2　数据来源及说明

本章选择东北、华北、华南 3 个样本区域，东北区域选择辽宁省的沈阳市和大连市，华北区域选择北京市，华南区域选择广东省的深圳市。选择上述调研区域，主要考虑到，我国超市数量较大，有限的样本量会使研究误差增大，在无法扩大样本数量的前提下，区域范围内研究比全国范围内研究更具有实际价值；所选区域经济较为发达，超市发展程度较为成熟，调查资料更具有代表性，可以代表未来一段时间超市对认证与追溯耦合属性食品经营意愿的整体趋势。本次调查任务是由辽宁石油化工大学、大连理工大学、北京城市学院、中国海洋大学管理学院教师和学生完成。2013 年 12 月～2014 年 4 月展开正式调研，共调研 320 家超市。对于连锁经营的超市，由于其所占的市场份额较大，各超市的区位、规模等都有所不同，各城市连锁超市样本保留3家；此外，考虑到国内居民长期形成对超市的判断标准或观念，中小规模的自选零售商场，也被引入为调查对象。剔除漏答关键信息及出现错误信息的问卷，回收有效问卷283份，有效回收率为88.4%。其中，沈阳市的有效问卷61份，大连市的有效问卷60份，北京市的有效问卷82份，深圳市的有效问卷80份。

6.3 分析和结果

6.3.1 描述性统计分析

从样本统计结果看（见表6－2），被调查的超市经营者"年龄"平均值为33.80岁，主要为中青年。被调查的超市"产业化经营"平均值为0.39，说明其产业化经营程度较低。我国超市经营过于注重终端销售环节，对于上游农产品种植、采购等环节开发力度不足。而种植户分布较为分散，种植户与超市没有实现有效对接，较低的产业化经营提高了企业的经营成本。"经营规模"平均值为1.51，说明大部分超市经营规模以中小型为主。调查结果显示，被调查超市"认证与追溯耦合属性食品经营利润"平均值为3.21，表明，超市经营者认为认证与追溯耦合属性食品经营利润并不乐观。"认证、追溯体系认知度"平均值为2.87，许多超市经营者对认证、追溯体系不是非常了解，这可能是由于媒体宣传不足。对认证与追溯体系认知度的降低会会降低超市经营者的社会偏好，从而影响其经营认证与追溯耦合属性食品的意愿。"食品安全事件发生频率"平均值为3.20，说明许多超市管理者认为食品安全事件发生频率较大。而这也影响到超市对食品供货商信用的重视程度，如统计结果显示，"供货商信用注重度"平均值为0.90，说明超市经营者对供货商信用十分重视。"经营信息提供态度"平均值为0.77，说明大部分超市愿意提供食品安全信息。"超市认证与追溯耦合属性食品经营意愿"平均值为3.54，说明总体上超市较为愿意经营认证与追溯耦合属性食品。虽然认证与追溯耦合属性食品经营成本较高，但其高安全性赢得了广大消费者的青睐，具有广阔的市场前景。

表 6 – 2   描述性统计

变量名称	平均值	标准差	最小值	最大值
年龄（x_1）	33.80	8.47	19	57
性别（x_2）	0.53	0.50	0	1
认证与追溯耦合食品经营利润（x_3）	3.21	0.85	1	5
产业化经营（x_4）	0.39	0.49	0	1
经营规模（x_5）	1.51	0.69	1	3
认证、追溯体系认知度（均值）（x_6）	2.87	0.74	1	4.5
供货商信用注重度（x_7）	0.90	0.30	0	1
食品安全事件发生频率（x_8）	3.20	1.00	1	5
经营信息提供态度（x_9）	0.77	0.42	0	1
超市认证与追溯耦合属性 y 食品经营意愿（y）	3.54	0.83	1	5

6.3.2 计量经济学分析

本章利用 Stata 13.0 统计软件进行模型的估计。超市认证与追溯体系耦合属性食品经营意愿的 Ordered Logistic 模型回归结果如表 6 – 3 所示，模型的 LR 统计量的 $P = 0.00 < 0.05$，说明模型总体拟合效果较好。

表 6 – 3   超市认证与追溯体系耦合属性食品经营意愿的
Ordered Logistic 模型回归结果

自变量	系数	标准差	$P > |z|$
年龄（x_1）	− 0.01（− 0.82）	0.01	0.412
性别（x_2）	− 0.21（− 0.92）	0.23	0.359
认证与追溯耦合食品经营利润（x_3）	0.34（2.12）**	0.16	0.034
产业化经营（x_4）	0.20（0.83）	0.24	0.405
经营规模（x_5）	0.22（1.19）	0.18	0.234

续表

自变量	系数	标准差	P > |z|
认证、追溯体系认知度（均值）（x_6）	0.33（1.88）*	0.17	0.061
供货商信用注重度（x_7）	0.98（2.48）**	0.39	0.013
食品安全事件发生频率（x_8）	0.03（0.23）	0.12	0.820
经营信息提供态度（x_9）	1.05（3.70）***	0.28	0.000
临界值1	− 2.29	1.25	
临界值2	1.11	0.78	
临界值3	3.70	0.81	
临界值4	5.90	0.85	
LR Chi 2	48.43		
Prob > Chi 2	0.0000		
Pseudo R^2	0.0701		
Log likelihood	− 321.45107		

注：括号中为 Z 值，***、** 和 * 分别表示在 1%、5% 和 10% 水平上显著。

　　在核心关联变量中，"认证、追溯体系认知度"变量系数在模型中显著且为正数。超市经营者对认证与追溯体系的认知度越高，其对认证与追溯体系保障食品安全的作用机理了解得就越全面，经营认证与追溯耦合属性食品的意愿越强烈。假说1在此处得到了验证。"供货商信用注重度"变量系数显著且为正数。供货商的信用是保证食品安全信息有效传递的关键，在出现食品安全问题时，消费者可以根据供货商提供的信息追踪溯源。超市经营者对供货商的信用注重度越高，其对可追溯信息传递有效性要求越严格，也就越愿意经营认证与追溯耦合属性食品。模型估计结果验证了假说2的合理性。"经营信息提供态度"变量显著且为正数。食品安全追溯体系建设的关键是可追溯信息的有效传递，而各个环节食品安全信息的有效记录是可追溯信息在整个供应链有效传递的前提。超市经营者越愿意提供经营信息，说明他们食品安全管理的主动性越强，其经营认证与追溯耦合属性食品的意愿就越强。模型估计结果表明假说3符合实际情况。

　　在常规性控制变量中，"认证与追溯耦合属性食品经营利润"变量系数在模型中显著且为正数。认证与追溯耦合属性食品经营利润越高，越有利于增加超市的收益，超市经营该类食品的意愿就越高。其他变量中，"产业化经营""经营规模""食品安全事件发生频率"等变量对超市认证与追溯耦合属性食品经营意愿影响均不显著。在个人特征变量中，"年龄"和"性别"变量均不显著。

表 6 - 3 的参数估计给出的是各个解释变量对潜变量的影响，现在来考察这些因素对观察到的因变量（经营意愿）的各个取值概率的边际效应。利用表 6 - 3 的估计值，并运用前文所述的自变量边际效应的算法，可以计算获得各个因素对因变量取值概率的边际效应。表 6 - 4 报告了以表 6 - 3 的参数估计值计算获得的各个自变量的边际效应。

表 6 - 4 解释变量对超市认证与追溯耦合属性食品经营意愿的边际效应

	$y = 1$	$y = 2$	$y = 3$	$y = 4$	$y = 5$
x_1	0.00（0.00）	0.00（0.00）	0.00（0.00）	- 0.00（0.00）	- 0.00（0.00）
x_2	0.00（0.00）	0.02（0.02）	0.03（0.03）	- 0.02（0.03）	- 0.02（0.02）
x_3	- 0.00（0.00）	- 0.02（0.01）	- 0.05（0.02）**	0.04（0.02）**	0.03（0.02）**
x_4	- 0.00（0.00）	- 0.01（0.02）	- 0.03（0.03）	0.02（0.03）	0.02（0.02）
x_5	- 0.00（0.00）	- 0.02（0.01）	- 0.03（0.03）	0.02（0.02）	0.02（0.02）
x_6	- 0.00（0.00）	- 0.02（0.01）*	- 0.05（0.02）*	0.04（0.02）*	0.03（0.02）*
x_7	- 0.00（0.00）	- 0.07（0.03）**	- 0.14（0.05）**	0.11（0.04）**	0.10（0.04）**
x_8	- 0.00（0.00）	- 0.00（0.01）	- 0.00（0.02）	0.00（0.01）	0.00（0.01）
x_9	- 0.00（0.00）	- 0.08（0.02）***	- 0.15（0.04）***	0.12（0.03）***	0.11（0.03）***

注：括号内为标准差；*** 、** 和 * 分别表示在 1%、5% 和 10% 水平上显著。

表 6 - 4 中 y 代表超市认证与追溯耦合属性食品经营意愿，x_1、x_2、x_3、x_4、x_5、x_6、x_7、x_8、x_9 分别代表"年龄""性别""认证与追溯耦合食品经营利润""产业化经营""经营规模""认证、追溯体系认知度""供货商信用注重度""食品安全事件发生频率""经营信息提供态度"变量。总体上，变量 x_3、x_6、x_7、x_9 对 y 的取值概率的边际效应是显著的。

x_6（认证、追溯体系认知度）、x_7（供货商信用注重度）、x_9（经营信息提供态度）对 y（超市认证与追溯耦合属性食品经营意愿）取值不太愿意（y＝2）和一般（y＝3）的概率的边际效应为负数，也就是说，随着 x_6（认证、追溯体系认知度）、x_7（供货商信用注重度）、x_9（经营信息提供态度）的增加，超市不太愿意和一般愿意经营认证与追溯耦合属性食品的可能性将会降低；x_6（认证、追溯体系认知度）、x_7（供货商信用注重度）、x_9（经营信息提供态度）对 y 取值比较愿意（y＝4）和非常愿意（y＝5）的概率的边际效应为正数，也就是说，随着 x_6（认证、追溯体系认知度）、x_7（供货商信用注重度）、x_9（经营信息提供态度）的增加，超市比较愿意和非常愿意经营认证与追溯耦合属性食品的可能性也随之提高。x_3（认证与追溯耦合属性食品经营利润）除了在不太愿意（y＝2）处不显著外，系数正负性与上述变量一致。

表 6－4 还显示，随着 x_6（认证、追溯体系认知度）、x_7（供货商信用注重度）、x_9（经营信息提供态度）的增加，超市经营认证与追溯耦合属性食品的意愿更倾向于一般愿意（y＝3）。在上述变量中，x_9（经营信息提供态度）对 y（超市认证与追溯耦合属性食品经营意愿）边际效应最大。

6.4　本章小结

本章得到的主要结论是：第一，良好的经营信息提供态度提高了超市认证与追溯耦合属性食品经营意愿。超市经营者提供经营信息表明，超市的食品安全管理主动性较高，对该类食品的经营意愿也随之提高。第二，对供货商信用的注重提高了超市认证与追溯耦合属性食品经营意愿。认证与追溯耦合属性食品涵盖大量食品安全信息，信用度高的供货商会更好地将食品安全信息传递给超市经营者，减少超市经营者对食品安全信息可靠性的担忧，进而更放心地经营认证与追溯耦合属性食品。第三，较高的认证与追溯耦合食品经营利润提高了超市认证与追溯耦合属性食品经营意愿。增加利润是所有企业从事经营活动的重要出发点。认证与追溯耦合属性食品以其安全性正得到越来越多消费者的认可。长远来看，认证与追溯耦合属性食品具有广阔的消费前景，该类食品的经营利润前景深刻影响着超市对该类食品的经营意愿。第四，对认证、追溯体系较高的认知度提高了超市认证与追溯耦合属性食品经营意愿。对认证、追溯体系较高的认知可以提高超市经营者的社会偏好，更加注重食品安全问题，从而提高他们对该类食品的经营意愿。第五，经营信息提供态度变量对超市认证与追溯耦合属性食品经营意愿的边际效应最大。

第7章　消费者对认证与追溯耦合属性食品的购买意愿

消费者是认证与追溯体系耦合属性食品的最终购买者，也是实现其安全性价值的唯一市场主体。学者们对认证食品和可追溯食品的态度、认知、购买意愿及其影响因素做了大量研究（Meixner et al，2014；Bradu，Orquin and Thøgersen，2014；Yong，Ying and Yufeng，2014）。消费者对认证与追溯体系耦合属性食品的态度、行为关系到认证与追溯体系耦合属性食品的市场前景。因此，本章考虑了消费者对认证与追溯体系耦合属性食品购买意愿的影响因素。

7.1 假说和变量

搜寻信息可以增强人们做出理性选择的能力（黄建等，2014），但搜寻信息也要付出金钱和时间上的成本。搜寻信息价值的大小取决于搜寻者对信息搜寻收益和成本的衡量。对食品安全信息的搜寻有利于维护消费者权益，但赵智晶和吴秀敏（2013）通过对成都市395名消费者的调查研究发现，51%的消费者购买猪肉时从来不索要溯源票，查询信息的仅占30.4%。这主要因为我国食品安全追溯体系的建设刚刚起步，食品安全可追溯信息并不完善，搜寻收益远低于成本。而认证与追溯的耦合监管可以避免单一监管的缺陷，对认证与追溯体系耦合属性食品而言，消费者对安全信息进行搜寻所获得的收益将会大于成本。因此，消费者对食品安全信息搜寻频率的高低，会影响消费者对食品安全认证与追溯体系的耦合关注度，进而影响对该类食品的购买意愿。因此，本章提出以下假说：

假说1：消费者对食品安全信息搜寻越频繁，越愿意购买认证与追溯体系耦合属性食品。

随着生活水平的提高，消费者食品安全意识日益增强，而能否及时找到有关责任人，对杜绝食品安全事件、维护消费者权益起到关键作用。韩杨（2009）通过调查北京市消费者遭遇食品安全问题的态度时发现，76.5%的消费者认为能够找到责任人对于解决食品安全问题非常重要。食品安全追溯体系是实现溯源追责功能的重要工具，而认证与追溯体系的耦合将有助于溯源追责认证责任人，对责任人重要性的认识是否会影响消费者对认证与追溯体系耦合属性食品的购买意愿？因此，本章提出以下假说：

假说 2：消费者越认可"当出现食品安全问题时，能够找到责任人是重要的"，就越愿意购买认证与追溯体系耦合属性食品。

公共利益理论以市场失灵和福利经济学为基础，认为监管是政府对公共需要的反应，其目的是弥补市场失灵，维护消费者的利益，实现社会福利最大化。消费者是监管制度的需求主体（汪国栋，2008），因此一种监管制度是否有效取决于消费者对该监管制度的认可程度。食品安全认证与追溯耦合是一次对传统食品安全监管制度改革或完善的探索，尽管从理论设计上存在合理性，但这种制度设计，是否能够提高食品安全监管的有效性，亟待实践进行检验。但更为重要的是，这种制度设计，在耦合监管有效性方面，是否得到消费者的认可，以及是否影响到认证与追溯体系耦合属性食品的购买意愿。因此，本章提出以下假说：

假说 3：消费者对耦合监管有效性越认可，就越愿意购买认证与追溯体系耦合属性食品。

消费者对认证与追溯体系耦合属性食品购买意愿除了受到核心关联变量的影响，还受到常规性控制变量的影响。基于此，本章在已有研究的基础上，并结合实际情况，选择了常规性控制变量。

绿色消费文化倡导消费者在与自然协调发展的基础上，从事科学合理的生活消费，通过改变消费方式来引导生产模式发生重大变革，进而调整产业结构，促进生态产业发展（吴波，2014）。消费者熟知和接受绿色消费文化，会更重视健康的认证食品。同样，在认证与追溯体系耦合属性食品的选择过程中，绿色消费文化是否也会产生影响？因此，引入了"绿色消费文化认可度"这一变量。农药、添加剂的施用程度在一定程度上会影响到食品安全性，而认证与追溯体系耦合属性食品，主要就是要保障食品安全。消费者对当前农业生产中农药、添加剂施用程度的感知，会在一定程度上影响消费行为，因此，引入"农药、添加剂施用程度感知"变量。此外，在个人特征方面，本章将"性别""年龄""受教育程度""是否有小孩"变量纳入模型中，考察其对消费者认证与追溯体系耦合属性食品购买意愿的影响。

在模型中，自变量的量化方法借鉴了国外研究的相关做法，虚拟变量用

0、1表示；其他变量借鉴李克特量表（Likert scale）理论，对变量进行分级测定，即用1、2、3、4、5来测定；"年龄"变量用实际数值表示。

7.2　数据来源及说明

本章研究选择东北、华北、华南、华东4个样本区域，东北区域选择沈阳市和大连市，华北区域选择北京市，华南区域选择广东省的深圳市，华东区域选择山东省的青岛市。选择上述调研区域，主要考虑到，所选区域的消费者对食品安全认识水平可能较高，调查资料更具有代表性；所选择区域人口密度较大，可以代表未来一段时间消费者对食品安全认证和追溯体系判断的整体趋势。此次调查任务是由辽宁石油化工大学、大连理工大学、北京城市学院、中国海洋大学管理学院教师和学生完成。

调研首先采取典型抽样法选择若干受访者进行焦点小组访谈，目的在于了解消费者食品安全认证与可追溯耦合属性食品的认知情况。2013年11月在山东省青岛市展开预调研，对调研方案和问卷进行调整与完善。之后于2013年12月~2014年4月展开正式调研，调查地点主要选择大中型超市和农贸市场，最终获得有效样本614份。其中，沈阳市的有效问卷111份，大连市的有效问卷96份，北京市的有效问卷137份，深圳市的有效问卷为118份，青岛市的有效问卷152份。在问卷调研时，首先向消费者介绍食品安全认证与追溯体系耦合监管的基本情况，让消费者对认证与追溯体系耦合属性食品有一个常识性的了解，然后，进行具体的问卷调查。

7.3　分析与结果

7.3.1　描述性分析

从消费者样本统计结果看（见表7－1），性别的分布较为均匀，被调查的消费者主要为中青年消费者，总体受教育水平较高，其中近一半的被调查者家庭有小孩，这与被调查者多数为青年人相一致。总体上，样本代表性较为理想。

表 7 – 1 描述性统计

变量名称	含义及单位	平均值	标准差	最小值	最大值
性别（x_1）	女 = 0，男 = 1	0.48	0.50	0	1
年龄（x_2）	岁	30.02	9.63	17	67
受教育程度（x_3）	小学及以下 = 1，初中 = 2，高中 = 3，大学 = 4，研究生及以上 = 5	3.95	0.83	1	5
是否有小孩（x_4）	否 = 0，是 = 1	0.40	0.49	0	1
绿色消费文化认可度（x_5）	非常不认可 = 1，不太认可 = 2，一般 = 3，比较认可 = 4，非常认可 = 5	3.73	0.91	1	5
农药、添加剂施用程度感知（x_6）	非常不严重 = 1，不严重 = 2，一般 = 3，比较严重 = 4，非常严重 = 5	3.94	0.94	1	5
食品安全信息搜寻频率（x_7）	不曾查找 = 1，甚少查找 = 2，偶尔 = 3，频繁查找 = 4，非常频繁查找 = 5	2.82	0.80	1	5
责任人重要性（x_8）	非常不重要 = 1，不重要 = 2，无所谓 = 3，比较重要 = 4，非常重要 = 5	3.97	1.08	1	5
耦合监管有效性（x_9）	非常小 = 1，较小 = 2，一般 = 3，较大 = 4，非常大 = 5	3.15	0.74	1	5
认证与追溯体系耦合属性蔬菜购买意愿（y_1）	非常不愿意 = 1，比较不愿意 = 2，一般 = 3，比较愿意 = 4，非常愿意 = 5	3.73	0.87	1	5
认证与追溯体系耦合属性畜产品购买意愿（y_2）	非常不愿意 = 1，比较不愿意 = 2，一般 = 3，比较愿意 = 4，非常愿意 = 5	3.84	0.88	1	5
认证与追溯体系耦合属性海产品购买意愿（y_3）	非常不愿意 = 1，比较不愿意 = 2，一般 = 3，比较愿意 = 4，非常愿意 = 5	3.44	0.97	1	5

消费者对绿色消费文化认可度较高。绿色消费不仅在消费行为中强调环境保护，还强调符合人的健康。近些年，媒体日益关注和提倡绿色消费观念，对人们消费观念的转变发挥着重要作用。消费者认为当前农药、添加剂的施用程度仍然较高。近些年来，国家重视对农业科技开发应用，农药、添加剂的使用日益频繁，少数生产者甚至依赖农药、添加剂的施用来保持食用农产品的外在特征。尽管国家对农药、添加剂的标准做了严格规定，无公害、绿色农药、添加剂应用程度不断加大，但是，农药、添加剂的使用量仍然难以控制。这些现实情况，使得人们对农药、添加剂的施用情况感到担忧。

消费者对食品安全信息的搜寻频率仍然较低，这可能受到城市较快的工作生活节奏的影响，也可能受到消费者食品安全意识的影响，消费者还未重视安全信息的作用。但是，消费者认为，在面临食品安全问题时，找到责任人是较为重要的，消费者意识到责任人信息在食品安全维权方面发挥着关键性作用。消费者在了解食品安全认证与追溯体系耦合的相关内容之后，较为看好耦合监管有效性，在一定程度上对这一新的监管机制持积极态度。对于认证与追溯体系耦合属性食品的购买意愿，总体上，消费者是比较愿意购买的，购买意愿依次为畜产品、蔬菜和海产品。

7.3.2 计量经济学模型分析

鉴于因变量属于多分类有序变量，采用线性模型会存在很大缺陷，因此本章采用 Ordered Logistic 计量经济学模型。Ordered Logistic 模型可表述如下：

$$y^* = X'\beta + \varepsilon \tag{7.1}$$

式（7.1）中，y^* 是一个无法观测的潜变量，它是与因变量对应的潜变量，X 为一组解释变量，β 为相应的待估参数，ε 为服从逻辑分布（Logistic distribution）的误差项。y^* 与 y 的关系如下：

$$\begin{cases} y = 1, \ \ddot{\Xi} \, y^* \leq \mu_1 \\ y = 2, \ \ddot{\Xi} \, \mu_1 < y^* \leq \mu_2 \\ \cdots \\ y = j, \ \ddot{\Xi} \, \mu_{j-1} < y^* \end{cases} \tag{7.2}$$

式（7.2）中，$\mu_1 < \mu_2 < \cdots < \mu_{j-1}$ 表示通过估计获得的临界值或阈值参

数。给定 X 时因变量 y 取每一个值的概率如下：

$$
\begin{cases}
P(y = 1 \mid X) = P(y^* \leqslant \mu_1 \mid X) = P(X'\beta + \varepsilon \leqslant \mu_1 \mid X) = \Lambda(\mu_1 - X'\beta) \\
P(y = 2 \mid X) = P(\mu_1 < y^* \leqslant \mu_2 \mid X) = \Lambda(\mu_2 - X'\beta) - \Lambda(\mu_1 - X'\beta) \\
\cdots \\
P(y = j \mid X) = P(\mu_{j-1} < y^* \mid X) = 1 - \Lambda(\mu_{j-1} - X'\beta)
\end{cases}
\tag{7.3}
$$

式（7.3）中，$\Lambda(\cdot)$ 为分布函数。Ordered Logistic 模型的参数估计采用极大似然估计法（Maximum likelihood method），但自变量 X 对因变量各个取值概率的边际效应并不等于系数 β，可用公式表示为：

$$
\begin{cases}
(\partial P_1 / \partial x_k) = -\beta_k \emptyset(\mu_1 - X'\beta) \\
(\partial P_2 / \partial x_k) = -\beta_k [\emptyset(\mu_2 - X'\beta) - \emptyset(\mu_1 - X'\beta)] \\
\cdots \\
(\partial P_j / \partial x_k) = \beta_k \emptyset(\mu_{j-1} - X'\beta)
\end{cases}
\tag{7.4}
$$

式（7.4）中，$k(k = 1, 2, \cdots)$ 为自变量的个数，$\emptyset(\cdot)$ 为密度函数。

在消费者认证与追溯体系耦合属性食品购买意愿模型中，j 的赋值为 1、2、3、4 和 5，分别表示非常不愿意、不愿意、一般、比较愿意、非常愿意购买认证与追溯体系耦合属性食品。

本章利用 Stata 13.0 统计软件进行模型的估计。消费者认证与追溯体系耦合属性食品购买意愿的 Ordered Logistic 模型回归结果如表 7 - 2 所示，模型的 LR 统计量 P = 0.00 < 0.05，说明模型总体拟合效果较好。

表 7 - 2　认证与追溯体系耦合属性食品购买意愿的 Ordered Logistic 模型回归结果

解释变量	模型 1（蔬菜）	模型 2（畜产品）	模型 3（海产品）
性别（x_1）	0.13（0.82）	0.04（0.27）	0.22（1.50）
年龄（x_2）	−0.00（−0.07）	−0.00（−0.16）	0.00（0.44）
受教育程度（x_3）	0.08（0.85）	0.11（1.10）	0.18 * （1.91）
是否有小孩（x_4）	0.90（0.51）	0.05（0.30）	0.04（0.21）
绿色消费文化认可度（x_5）	0.54 *** （5.75）	0.48 *** （5.11）	0.27 *** （2.99）
农药、添加剂施用程度感知（x_6）	0.31 *** （3.37）	0.55 *** （5.84）	0.05（0.59）
食品安全信息搜寻频率（x_7）	0.17 * （1.63）	0.11（1.09）	0.18 * （1.77）

续表

解释变量	模型 1（蔬菜）	模型 2（畜产品）	模型 3（海产品）
责任人重要性（x_8）	0.24 *** (3.08)	0.18 ** (2.32)	0.11 (1.48)
耦合监管有效性（x_9）	0.40 *** (3.61)	0.35 *** (3.18)	0.39 *** (3.61)
临界值1	0.84	0.96	0.60
临界值2	3.60	3.79	2.58
临界值3	5.74	5.59	4.30
临界值4	8.06	8.04	6.35
LR Chi 2	120.08	129.26	54.39
Prob > Chi 2	0.00	0.00	0.00
Pseudo R^2	0.08	0.08	0.03
Log likelihood	−710.45	−698.81	−812.47

注：括号中为Z值，***、**和*分别表示在1%、5%和10%水平上显著。

从模型回归结果可以看出，在个人特征变量中，受教育水平在模型3中为正值且显著。消费者受教育水平越高，越易于理解和接受食品安全认证与追溯体系耦合新机制，其认证与追溯体系耦合属性食品的购买积极性越强。

绿色消费文化认可度变量在模型中均为正值且显著。近些年来，绿色消费文化所倡导健康保护和可持续性。随着人们对自身健康的重视以及媒体对绿色消费文化的宣传，绿色消费文化日益深入人心。消费者越认可绿色消费文化，其健康保护意识越强，就越愿意购买认证与追溯体系耦合属性食品。"农药、添加剂施用程度感知"变量系数在模型1、模型2中为正值且显著，在农业生产中，农药、添加剂施用程度越高，将会危及食品安全，而食品安全认证与追溯体系耦合是为了充分发挥认证和追溯的功能，促使农户按照标准施用农药、添加剂，包括农药、添加剂的种类和施用量的标准，从而在保障食品安全方面发挥作用。因此，消费者对认证与追溯体系耦合属性食品购买积极性就会越高。

"食品安全信息搜寻频率"变量系数在模型1、模型3中为正值且显著。食品安全认证和追溯体系均是传递食品安全信息的政策工具。消费者在购买食品时，食品安全信息搜寻频率越高，表明消费者在选择食品时，更为重视食品安全信息，而认证与追溯体系的耦合从理论上保证了食品安全信息的有效传递，从而解决或减弱食品市场中的信息不完全和信息不对称，有效约束生产经营者的不当行为。因此，其对认证与追溯体系耦合属性食品的购买积极性就会越高。"责任人重要性"变量系数在模型 1、模型 2 中为正值且显著。当出现食品安全问题时，找到责任人，是实现消费者权益保障的前提条件，食品安全追溯体系的重要功能之一就是溯源追责功能，找到问题所在以及相关责任人，因此，消费者越重视责任人问题，就会越愿意购买认证与追溯体系耦合属性食品。"耦合监管有效性"变量系数在模型中均为正值且显著。消费者认为，食品安全认证与追溯体系耦合后，能够提高食品安全监管有效性，包括可追溯信息监管和对认证机构的溯源追责，使得食品安全认证和追溯体系功能能够有效发挥，保障食品安全，其对认证与追溯体系耦合属性食品的购买积极性就会越高。

从表 7 - 3 可以看出，"绿色消费文化认可度（x_5）""农药添加剂施用程度感知（x_6）""责任人重要性（x_8）""耦合监管有效性（x_9）"对因变量 y 取值概率有较显著的边际影响。x_5、x_6、x_8 和 x_9 对于 y 取值（非常不愿意、不太愿意和一般愿意）的概率的边际影响都为负值，也就是说，在均值处，x_5、x_6、x_8 和 x_9 变量增加 1，非常不愿意、不太愿意和一般愿意购买认证与追溯体系耦合属性蔬菜的概率将会下降。而对于 y 取值（比较愿意和非常愿意）的概率的边际影响都为正值，也就是说，在均值处，x_5、x_6、x_8 和 x_9 增加 1，比较愿意和非常愿意购买认证与追溯体系耦合属性蔬菜的概率将会上升。表 7 - 3 还显示，"食品安全信息搜寻频率（x_7）"除了在 y = 1、2、4 处的边际影响不显著外，其他方面与上述 x_5、x_6、x_8 和 x_9 变量分析结果一致。

表 7 - 3　解释变量对认证与追溯体系耦合属性蔬菜购买意愿的边际效应

	y = 1	y = 2	y = 3	y = 4	y = 5
x_1	− 0.00（− 0.76）	− 0.01（− 0.82）	− 0.02（− 0.82）	0.01（0.81）	0.02（0.82）
x_2	0.00（0.07）	0.00（0.07）	0.00（0.07）	− 0.00（− 0.07）	− 0.00（− 0.07）
x_3	− 0.00（− 0.79）	− 0.01（− 0.85）	− 0.01（− 0.85）	0.01（0.85）	0.01（0.85）
x_4	− 0.00（− 0.49）	− 0.01（− 0.51）	− 0.01（− 0.51）	0.01（0.51）	0.01（0.51）

续表

	$y=1$	$y=2$	$y=3$	$y=4$	$y=5$
x_5	-0.00^* (-1.94)	-0.03^{***} (-4.87)	-0.07^{***} (-6.03)	0.03^{***} (4.55)	0.07^{***} (5.63)
x_6	-0.00^* (-1.75)	-0.02^{***} (-3.21)	-0.04^{***} (-3.42)	0.02^{***} (3.15)	0.04^{***} (3.32)
x_7	-0.00 (-1.29)	-0.01 (-1.60)	-0.02^* (-1.63)	0.01 (1.57)	0.02^* (1.63)
x_8	-0.00^* (-1.72)	-0.02^{***} (-2.94)	-0.03^{***} (-3.09)	0.01^{**} (2.84)	0.03^{***} (3.05)
x_9	-0.00^* (-1.79)	-0.02^{***} (-3.37)	-0.05^{***} (-3.64)	0.02^{***} (3.19)	0.05^{***} (3.59)

注：括号内为 z 统计量；***、** 和 * 分别表示在 1%、5% 和 10% 水平上显著。

从表 7 - 4 可以看出，"绿色消费文化认可度（x_5）""农药添加剂施用程度感知（x_6）""耦合监管有效性（x_9）"对"非常不愿意、不太愿意和一般愿意购买认证与追溯体系耦合属性畜产品（$y=1、2、3$）"的边际影响是负值且显著，也就是说，在均值处 x_5、x_6 和 x_9 增加 1，非常不愿意、不太愿意和一般愿意购买认证与追溯体系耦合属性畜产品的概率将会下降；对"非常愿意购买认证与追溯体系耦合属性畜产品（$y=4、5$）"的边际影响是正值且显著，也就是说，在均值处 x_5、x_6 和 x_9 增加 1，比较愿意、非常愿意购买认证与追溯体系耦合属性畜产品的概率将会上升。"责任人重要性（x_8）"除了在 $y=1$ 处的边际影响不显著外，其他方面与上述 x_5、x_6 和 x_9 变量分析结果一致。

表 7 - 4　　解释变量对认证与追溯体系耦合属性畜产品购买意愿的边际效应

	$y=1$	$y=2$	$y=3$	$y=4$	$y=5$
x_1	-0.00 (-0.27)	-0.00 (-0.27)	-0.00 (-0.27)	0.00 (0.27)	0.01 (0.27)
x_2	0.00 (0.16)	0.00 (0.16)	0.00 (0.16)	-0.00 (-0.16)	-0.00 (-0.16)
x_3	-0.00 (-0.97)	-0.01 (-1.09)	-0.01 (-1.10)	0.00 (0.99)	0.02 (1.10)
x_4	-0.00 (-0.29)	-0.00 (-0.30)	-0.01 (-0.30)	0.00 (0.30)	0.01 (0.30)
x_5	-0.00^{**} (-1.94)	-0.03^{***} (-4.53)	-0.05^{***} (-5.14)	0.01^{**} (2.06)	0.07^{***} (5.13)
x_6	-0.00^{**} (-1.97)	-0.03^{***} (-5.12)	-0.06^{***} (-5.95)	0.01^{**} (2.16)	0.08^{***} (5.78)

续表

	y = 1	y = 2	y = 3	y = 4	y = 5
x_7	− 0.00 （− 0.97）	− 0.01 （− 1.08）	− 0.01 （− 1.08）	0.00 （0.97）	0.02 （1.09）
x_8	− 0.00 （− 1.56）	− 0.01 ** （− 2.25）	− 0.02 ** （− 2.32）	0.00 * （1.63）	0.03 ** （2.31）
x_9	− 0.00 * （− 1.74）	− 0.02 *** （− 3.02）	− 0.04 *** （− 3.17）	0.01 * （1.79）	0.05 *** （3.20）

注：括号内为 z 统计量；*** 、** 和 * 分别表示在 1%、5% 和 10% 水平上显著。

由表 7 - 5 可以看出，显著变量为"受教育程度（x_3）""绿色消费文化认可度（x_5）""食品安全信息搜寻频率（x_7）"和"耦合监管有效性（x_9）"，对"非常不愿意、不太愿意和一般愿意购买认证与追溯体系耦合属性海产品（y = 1、2、3）"的边际影响是负数且显著，也就是说，在均值处 x_3、x_5、x_7 和 x_9 增加 1，非常不愿意、不太愿意和一般愿意购买认证与追溯体系耦合属性海产品的概率将会下降；对"比较愿意和非常愿意购买认证与追溯体系耦合属性海产品（y = 4、5）"的边际影响是正值且显著，也就是说，在均值处 x_3、x_5、x_7 和 x_9 增加 1，比较愿意和非常愿意购买认证与追溯体系耦合属性海产品的概率将会上升。

表 7 - 5　解释变量对认证与追溯体系耦合属性海产品购买意愿的边际效应

	y = 1	y = 2	y = 3	y = 4	y = 5
x_1	− 0.01 （− 1.42）	− 0.02 （− 1.50）	− 0.02 （− 1.50）	0.03 （1.50）	0.02 （1.49）
x_2	− 0.00 （− 0.44）	− 0.00 （− 0.44）	− 0.00 （− 0.44）	0.00 （0.44）	0.00 （0.44）
x_3	− 0.00 * （− 1.75）	− 0.02 * （− 1.90）	− 0.02 * （− 1.91）	0.02 * （1.92）	0.02 * （1.89）
x_4	− 0.00 （− 0.21）	− 0.00 （− 0.21）	− 0.00 （− 0.21）	0.00 （0.21）	0.00 （0.21）
x_5	− 0.01 ** （− 2.45）	− 0.03 *** （− 2.95）	− 0.03 *** （− 2.99）	0.03 *** （3.03）	0.03 *** （2.90）
x_6	− 0.00 （− 0.58）	− 0.01 （− 0.59）	− 0.01 （− 0.59）	0.01 （0.59）	0.01 （0.59）
x_7	− 0.00 * （− 1.64）	− 0.02 * （− 1.76）	− 0.02 * （− 1.77）	0.02 * （1.77）	0.02 * （1.76）
x_8	− 0.00 （− 1.41）	− 0.01 （− 1.48）	− 0.01 （− 1.48）	0.01 （1.48）	0.01 （1.47）
x_9	− 0.01 ** （− 2.75）	− 0.04 *** （− 3.52）	− 0.04 *** （− 3.62）	0.05 *** （3.63）	0.04 *** （3.49）

注：括号内为 z 统计量；*** 、** 和 * 分别表示在 1%、5% 和 10% 水平上显著。

7.4　本　章　小　结

本章实证分析了认证与追溯体系耦合属性食品购买意愿的影响因素。本章得到的主要结论是："绿色消费文化认可度""农药、添加剂施用程度感知""责任人重要性"、"耦合监管有效性"等变量正向影响认证与追溯体系耦合属性食品购买积极性。边际效应分析结果显示，总体上，上述变量对 y 取值比较愿意（$y=4$）和非常愿意（$y=5$）的概率的边际效应为正数。

第8章 食品安全认证与追溯耦合下利益主体博弈分析

食品安全认证与追溯耦合监管，要发挥认证、追溯体系的优势，避开认证、追溯体系的不足，其核心内容是：认证体系可以规范、监管可追溯信息，追溯体系可以通过可追溯信息溯源追责认证责任人，以促进食品安全信息的有效传递，提高食品安全监管效率。因此，食品安全认证与追溯耦合监管主要围绕上述核心问题进行分析。食品安全认证与追溯耦合监管背景下的监管博弈行为主要涉及的主体包括认证机构、企业、农户、监管者（监管部门、消费者），其中企业是安全认证食品及可追溯食品生产的核心主体，认证机构在对认证可追溯食品进行监管时，其面对的主体主要为食品生产企业。此外，监管部门在食品安全认证与追溯体系耦合监管中承担抽查监管的角色，而消费者则通过购买行为及溯源追责行为影响其他博弈主体决策，农户作为食品原料的供应源头，其行为会受到食品企业的约束或激励。因此，通过构建认证机构—企业、认证机构—企业—农户、认证机构—企业—监管者（监管部门、消费者）等三个博弈模型从不同的角度分析各主体之间的博弈行为。

8.1 认证机构—企业的动态博弈模型分析

对于已经准许使用安全认证标识的食品，认证机构有权也有责任根据安全认证食品的标准，对食品生产企业进行认证后的跟踪检查，对不符合认证标准而使用认证标识的，要求其改正，情节严重的，取消企业使用认证标识的资格。然而，作为追求利益的主体，认证机构也会为追求自身利益而与企业共谋，在发现已通过安全认证的食品企业存在生产低安全食品（这里指不符合安全认证标准且情节严重的食品，相对的，高安全食品指符合安全认证标准的食品）行为时，采取违规行为，即不取消企业食品的食品安全认证资格，而通过与企业共谋或对企业"敲竹杠"获得利益。但是，在食品安全认证与追溯体系耦合背景下，认证食品能够实现安全可追溯，此时，可追溯信息会记录安全认证相关责任人的信息，在发现食品安全问题时，能够及时追究包括认证机构在内的相关责任主体的责任。

8.1.1 模型假设

（1）假设企业生产的食品已获得食品安全认证（有机、绿色或无公害认证），若认证机构对企业后续生产食品的安全进行监督，企业如有生产低安全食品，认证机构就能检出，认证机构的检查监督成本为 C_1，而企业生产高安全食品的成本为 C_2，相对的，假设企业生产低安全食品的成本为 0。

（2）如果企业生产高安全食品，就能够保有安全认证食品标识使用资格，而不需要向认证机构寻求共谋，所以生产高安全食品的企业无须考虑认证机构是否违规及企业是否寻求共谋的问题；当认证机构对企业后续生产食品的安全不进行监督时，即认证机构不再持续监督已获得食品安全认证的企业所生产食品的安全，也就无法发现企业生产低安全食品，也就不存在认证机构违规与寻求共谋的问题。

（3）如果企业自觉生产高安全食品，即认证机构所认证的食品为高安全食品，则认证机构获得信誉收益 U_1；而无论企业生产高安全或低安全食品，只要其拥有安全认证食品标识使用资格，就能获得安全认证食品带来的声誉收益 U_2。

（4）如果认证机构不违规，企业生产低安全食品，认证机构将对企业进行惩罚并取消其安全认证食品标识使用资格，为此食品企业将承担罚金 F，同时损失由于拥有安全认证食品标识使用资格而获得的声誉收益 U_2。

（5）如果认证机构违规，企业生产低安全食品，若企业向认证机构寻求共谋，则向认证机构行贿金 $\alpha(C_2 + U_2)$，其中 $0 < \alpha < 1$ 表示企业与认证机构的分成比例，此时企业生产低安全食品并且保有安全认证食品标识使用资格，而认证机构将行贿金 $\alpha(C_2 + U_2)$ 作为自身收益；若企业生产低安全食品又不向认证机构寻求共谋，认证机构采取"敲竹杠"行为，非法收取罚金 βF（$\beta > 1$）。

（6）认证机构不违规时，若生产低安全食品的企业行贿，则认证机构将没收贿金，并对企业处以 F 的罚款，同时取消企业食品的安全认证标识使用资格，认证机构把行贿金 $\alpha(C_2 + U_2)$ 及罚金 F 上缴食品安全管理部门，食品安全管理部门给予认证机构适当的激励金 $k[\alpha(C_2 + U_2) + F]$，其

中 $0 < k < 1$ 表示食品安全管理部门对认证机构的激励系数。

（7）认证机构违规时，由于其所认证的食品为低安全食品，则认证机构承担信誉损失 U_1，此外，由于在耦合监管背景下食品具有可追溯性，认证机构还要承担被追究责任的风险所造成的损失 U_1'。

（8）认证机构不监督时，企业生产低安全食品，企业依然能够获得安全认证食品带来的声誉收益 U_2，而认证机构要承担由于食品可追溯而带来的被追究责任风险所造成损失 U_1'。

主要指标及参数如表 8-1 所示。

表 8-1　　　　　　　　　　　　　主要指数参数含义

符号	定义	符号	定义
C_1	认证机构的检查监督成本	β	认证机构采取"敲竹杠"行为时非法收取罚金的系数
C_2	企业生产高安全食品的成本	k	上级安全管理部门对认证机构的激励系数
U_1	认证机构所认证的食品为高安全食品而获得的信誉收益	P_1	认证机构对企业所生产食品的安全进行监督的概率
U_2	企业拥有安全认证食品标识使用资格而获得安全认证食品带来的声誉收益	P_2	企业生产高安全食品的概率
F	企业生产低安全食品而承担的罚金	P_3	认证机构违规的概率
U_1'	由于食品可追溯，认证机构承担的被追究责任的风险所造成的损失	P_4	企业寻求共谋的概率
α	企业与认证机构共谋时，两者之间的分成比例		

8.1.2　动态博弈模型的建立及均衡求解

认证机构—企业的动态博弈模型的博弈树如图 8-1 所示。

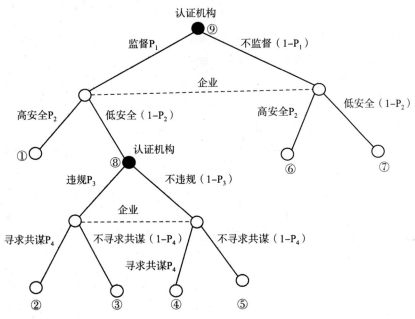

图 8-1　认证机构与食品企业的博弈树

　　根据假设条件与博弈树可以确定图 8-1 中各结点①至结点⑨的收益值如表 8-2 所示。

表 8-2　　　　　　　　　　　　　各结点收益值

结点	收益值	结点	收益值
①	$(U_1 - C_1, U_2 - C_2)$	⑥	$(U_1, U_2 - C_2)$
②	$(\alpha(C_2 + U_2) - C_1 - (U_1 + U_1'), U_2 - \alpha(C_2 + U_2))$	⑦	$(-U_1', U_2)$
③	$(\beta F - C_1 - (U_1 + U_1'), U_2 - \beta F)$	⑧	(E_{11}, E_{12})
④	$(k[\alpha(C_2 + U_2) + F] - C_1, -U_2 - \alpha(C_2 + U_2) - F)$	⑨	(E_{21}, E_{22})
⑤	$(kF - C_1, -U_2 - F)$		

注：收益值中括号左边为认证机构收益值，右边为食品生产企业收益值。

　　采用逆向归纳法求解，即从博弈树的最底层开始，考察每层的认证机构与企业的期望收益，具体过程如下：

（1）认证机构是否违规与企业是否寻求共谋的分析。考察认证机构是否违规与企业是否寻求共谋情况，涉及决策结点②、结点③、结点④、结点⑤，分别用 E_{11}，E_{12} 表示认证机构与企业的期望收益。

首先计算结点⑧的期望值。

$$
\begin{aligned}
E_{11} = & P_3 P_4 [\alpha(C_2 + U_2) - C_1 - (U_1 + U_1')] + P_3(1 - P_4)[\beta F - C_1 \\
& - (U_1 + U_1')] + (1 - P_3)P_4\{k[\alpha(C_2 + U_2) + F] - C_1\} \\
& + (1 - P_3)(1 - P_4)(kF - C_1)
\end{aligned}
\tag{8.1}
$$

$$
\begin{aligned}
E_{12} = & P_3 P_4 [U_2 - \alpha(C_2 + U_2)] + P_3(1 - P_4)(U_2 - \beta F) \\
& + (1 - P_3)P_4[-U_2 - \alpha(C_2 + U_2) - F] \\
& + (1 - P_3)(1 - P_4)(-U_2 - F)
\end{aligned}
\tag{8.2}
$$

对式（8.1）、式（8.2）求一阶条件：

$$
\begin{aligned}
\frac{\partial E_{11}}{\partial P_3} = & P_4 [\alpha(C_2 + U_2) - C_1 - (U_1 + U_1')] + (1 - P_4)[\beta F - C_1 \\
& - (U_1 + U_1')] - P_4\{k[\alpha(C_2 + U_2) + F] - C_1\} \\
& - (1 - P_4)(kF - C_1) = 0
\end{aligned}
$$

$$
\begin{aligned}
\frac{\partial E_{12}}{\partial P_4} = & P_3 [U_2 - \alpha(C_2 + U_2)] - P_3(U_2 - \beta F) + (1 - P_3)[-U_2 \\
& - \alpha(C_2 + U_2) - F] - (1 - P_3)(-U_2 - F) = 0
\end{aligned}
$$

从而得均衡解为：$P_3^* = \dfrac{\alpha(C_2 + U_2)}{\beta F}$，$P_4^* = \dfrac{(\beta - k)F - (U_1 + U_1')}{\beta F - \alpha(1 - k)(C_2 + U_2)}$

（2）企业是否生产高安全食品和认证机构是否监督的分析。考察企业是否生产高安全食品及认证机构是否监督这一层次，涉及决策结点①、结点⑥、结点⑦、结点⑧，用 E_{21}，E_{22} 分别表示本阶段认证机构和食品企业的期望收益，将 P_3^*，P_4^* 带入式（8.1）、式（8.2）可得：

$$
E_{11} = k P_4^* \alpha(C_2 + U_2) + kF - C_1
\tag{8.3}
$$

$$
E_{12} = \left(\frac{2U_2}{\beta F} + \frac{1}{\beta} - 1\right)\alpha(C_2 + U_2) - U_2 - F
\tag{8.4}
$$

其次计算结点⑨的期望值：

$$
\begin{aligned}
E_{21} = & P_1 P_2(U_1 - C_1) + P_1(1 - P_2)E_{11} + (1 - P_1)P_2 U_1 \\
& + (1 - P_1)(1 - P_2)(-U_1')
\end{aligned}
\tag{8.5}
$$

$$
E_{22} = P_1 P_2(U_2 - C_2) + P_1(1 - P_2)E_{12} + (1 - P_1)P_2(U_2
$$

$$-C_2) + (1 - P_1)(1 - P_2)U_2 \qquad (8.6)$$

对式（8.5）、式（8.6）求一阶条件：

$$\frac{\partial E_{21}}{\partial P_1} = P_2(U_1 - C_1) + (1 - P_2)E_{11} - P_2 U_1 - (1 - P_2)(-U_1') = 0$$

$$\frac{\partial E_{22}}{\partial P_2} = P_1(U_2 - C_2) - P_1 E_{12} + (1 - P_1)(U_2 - C_2) - (1 - P_1)U_2 = 0$$

解得博弈问题的纳什均衡解为：

$$P_1^* = \frac{C_2}{U_2 - E_{12}}, \quad P_2^* = \frac{E_{11} + U_1'}{E_{11} + U_1' + C_1}$$

8.1.3 均衡结果分析

由上述求解过程可得模型的均衡解为：

$$P_1^* = \frac{C_2}{U_2 - E_{12}}$$

$$P_2^* = \frac{E_{11} + U_1'}{E_{11} + U_1' + C_1}$$

$$P_3^* = \frac{\alpha(C_2 + U_2)}{\beta F}$$

$$P_4^* = \frac{(\beta - k)F - (U_1 + U_1')}{\beta F - \alpha(1 - k)(C_2 + U_2)}$$

（1）认证机构监督的概率 P_1^*。由 $P_1^* = \dfrac{C_2}{U_2 - E_{12}}$ 可知，企业生产高安全食品的成本 C_2 越高，认证机构检查监督的概率 P_1^* 越大，这是由于企业生产高安全食品的成本越高，企业提供低安全食品的概率就越大，因此认证机构为督促企业生产高安全食品就需要提高其检查监督的概率 P_1^*；企业因拥有安全认证食品标识使用资格而获得安全认证食品所带来的声誉收益 U_2，与认证机构监督条件下生产低安全食品企业的期望收益 E_{12} 之差越大，即 $U_2 - E_{12}$ 越大，认证机构检查监督的概率 P_1^* 越小，因为此时企业会更愿意积极保有安全认证食品标识使用资格以求获得较大的收益，从而自觉生产高安全食品，避免被认证机构取消其安全认证食品标识使用资格，所以，此时认证机构检查监督的概率P_1^*就越小。

（2）企业生产高安全食品的概率P_2^*。由$P_2^* = \dfrac{E_{11} + U_1'}{E_{11} + U_1' + C_1} = \dfrac{1}{1 + \dfrac{C_1}{E_{11} + U_1'}}$可知，认证机构的检查监督成本$C_1$越高，企业生产高安全食品的概率$P_2^*$越小，因为从节约成本的角度出发，检查监督成本过高，认证机构会降低检查监督的概率，而企业也就降低了生产高安全食品的积极性；认证机构期望收益E_{11}越大，企业生产高安全食品的概率P_2^*越大，因为E_{11}越大，表明认证机构在第一阶段的收益越大，而这一收益与生产低安全食品的企业在这个阶段的损失正相关，即E_{11}越大时表示生产低安全食品的企业的损失越大，为了避免这种较大的损失，企业生产高安全食品的概率P_2^*越大；由于食品可追溯，认证机构承担的被追究责任的风险所造成的损失U_1'越大，认证机构越不愿意造成这样的损失，就会加大检查监督的力度，由此促进企业生产高安全食品，即企业生产高安全食品的概率P_2^*就越大。

（3）认证机构违规的概率P_3^*。由$P_3^* = \dfrac{\alpha(C_2 + U_2)}{\beta F}$可知，企业与认证机构共谋时两者之间的分成比例$\alpha$越大，此时食品企业对认证机构的贿金$\alpha(C_2 + U_2)$越高，对认证机构的诱惑越大，认证机构违规的概率$P_3^*$就越大；认证机构采取"敲竹杠"行为时非法收取罚金的系数β越大，认证机构违规并"敲竹杠"收取食品企业的处罚金βF越大，食品企业为避免被处罚而积极生产高安全食品，认证机构违规的机会P_3^*就会减少；此外，由$P_3^* = \dfrac{\alpha(C_2 + U_2)}{\beta F}$还可以看出，认证机构如果想得到行贿金就必然会想办法降低企业生产低安全食品而承担的罚金。

（4）企业寻求共谋的概率P_4^*。由$P_4^* = \dfrac{(\beta - k)F - (U_1 + U_1')}{\beta F - \alpha(1 - k)(C_2 + U_2)}$可知，$\alpha(1 - k)(C_2 + U_2)$越大，即上级食品安全监管部门给予认证机构的激励金与其上缴的金额不成比例时，认证机构越倾向于截流贿金，于是更容易产生与食品企业之间的共谋行为，这样食品企业寻求共谋的概率P_4^*就越大；认证机构违规时所要承担的总损失$U_1 + U_1'$越大，企业寻求共谋的概率P_4^*越小，因为此时认证机构越不愿意违规而承担损失，这样其违规的概率就越小，食品企业寻求共谋的概率P_4^*也就越小。

8.2 认证机构—企业—农户的博弈模型分析

在耦合监管背景下，食品应实现安全认证可追溯，也就是既通过了食品安全认证，又实现了食品安全可追溯。如果农户提供的产品既达到食品安全认证的标准，同时又能够提供有效的可追溯信息从而实现产品可追溯，则称农户提供的产品为"合格"产品，反之，则称为"不合格"产品。在食品供应链中，企业处于农户的下游，企业可以通过与农户签订契约、协议等方式，实施激励或惩罚措施对农户生产行为进行管控，以促使其提供"合格"产品。而认证机构则承担披露信息的重要责任，将产品信息（"合格"或"不合格"）、企业是否有效管控等信息及时向市场公布，市场根据信息对不同企业及农户生产的产品做出相应的反应。

8.2.1 模型假设

（1）企业销售 1 单位"合格"食品获得收益 R_Y，销售 1 单位"不合格"食品获得收益 R_N。由于"合格"食品能够稳定拥有更多偏好安全食品的客户群，因此$R_Y > R_N$。

（2）企业对农户生产行为进行管控时，1 单位食品成本为 C_S；企业对农户生产行为不管控时，1 单位食品成本为 C_u。由于管控时的食品成本包含管控投入，因此$C_S > C_u$。

（3）如果企业对农户生产行为有效管控（是指企业对农户生产行为进行管控，并且切实保障了食品安全），将会在市场和消费者中赢得良好声誉，假设声誉收益为 G。

（4）发生食品安全问题会给企业造成损失：a. 发生食品安全问题时，将使得食品企业声誉受损，产品需求量下降，市场份额缩减，假设给企业造成损失 E；b. 如果企业没有对农户生产行为进行管控，农户提供了"不合格"产品，当认证机构准确披露信息时，那么企业将受到惩罚 L。

主要指标及参数如表 8 – 3 所示。

表 8 – 3　　　　　　　　　　　　主要指数参数含义

符号	定义	符号	定义
R_Y	企业销售 1 单位"合格"食品所获收益	p	认证机构准确披露信息的概率
R_N	销售 1 单位"不合格"食品所获收益	m	企业对农户生产行为管控的概率
C_s	企业对农户生产行为进行管控时，1 单位食品的成本	s	企业管控时，农户提供"合格"产品的概率
C_u	企业对农户生产行为不管控时，1 单位食品的成本	t	企业不管控时，农户提供"合格"产品的概率
G	企业对农户生产行为有效管控时，所获声誉收益	f	农户提供"合格"产品时，发生食品安全问题的概率
E	发生食品安全问题给企业造成的损失	g	农户提供"不合格"产品时，发生食品安全问题的概率
L	企业不管控时，农户提供了"不合格"产品，被认证机构披露时企业所受惩罚		

其中，s > t，由于企业对农户行为不管控时，农户更容易产生投机行为，从而生产"不合格"产品；f < g，因为农户提供"不合格"产品时，更容易引发食品安全问题。

8.2.2　博弈模型的建立

模型的博弈树如图 8 – 2 所示。

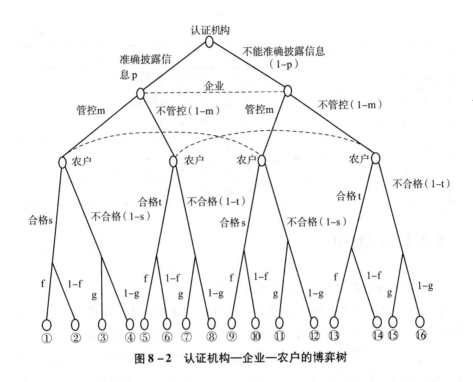

图 8-2 认证机构—企业—农户的博弈树

图 8-2 中链接企业结点的虚线表示企业不知道认证机构是否能够准确披露信息，因此企业在选择对农户行为管控前（或不管控）前，并不知道自己的博弈所处位置；链接农户结点的虚线表示农户只知道企业是否对其行为进行管控，但同样不能确定认证机构对企业行为及企业产品信息披露的准确性，因此农户也不能完全确定自己在博弈中所处位置。

决策主体的不同行动组合产生不同的支付函数，此处主要考虑核心主体——企业的收益，根据假设条件与博弈树可以确定图 8-2 中各结点①～结点⑯企业的收益函数如表 8-4 所示。

表 8-4   **各结点收益函数**

结点	收益函数	结点	收益函数
①	$R_Y - C_S - E$	⑨	$R_Y - C_S - E$
②	$R_Y + G - C_s$	⑩	$R_Y + G - C_s$

续表

结点	收益函数	结点	收益函数
③	$R_N - C_S - E$	⑪	$R_N - C_S - E$ 或 $R_Y - C_S - E$
④	$R_N - C_s$	⑫	$R_N + G - C_S$ 或 $R_Y + G - C_S$
⑤	$R_Y - C_u - E$	⑬	$R_Y - C_u - E$
⑥	$R_Y - C_u$	⑭	$R_Y - C_u$
⑦	$R_N - C_u - E - L$	⑮	$R_N - C_u - E$ 或 $R_Y - C_u - E$
⑧	$R_N - C_u - L$	⑯	$R_N - C_u$ 或 $R_Y - C_u$

8.2.3　模型分析

对认证机构—企业—农户博弈模型分析可得：

（1）只有当认证机构能够准确披露信息时，才能真正使有效管控农户行为的企业获得良好声誉收益 G，此时农户提供"合格"产品，并且没有发生食品安全问题。而当认证机构不能准确披露信息时，即使企业没有真正有效管控农户行为，农户提供了"不合格"产品，只要没有发生食品安全问题，企业都能够获得声誉收益 G。

（2）当认证机构能够准确披露信息时，如果农户提供"不合格"产品，而企业没有对农户行为进行管控，企业将遭受惩罚 L。对企业的惩罚 L 越大，农户提供"不合格"产品给企业带来的损失越大，从而迫使企业对农户行为进行管控，激励农户以更大的概率（即概率 t 提升至概率 s）提供"合格"产品。

（3）认证机构准确披露信息的概率 p 越小，企业越容易隐瞒信息。当认证机构不能准确披露信息时，由于$R_Y > R_N$，企业可能会通过以次充好，将"不合格"产品当作"合格"产品销售，从而获得较高收益。更有甚者，企业可能会发布虚假管控信息，从而以较低的成本获得声誉收益 G，此时企业将获得所能得到的最高收益$R_Y + G - C_u$。

（4）发生食品安全问题时，企业都会遭受损失 E，如果损失 E 很大，企业不希望遭受这种巨大的损失，则会通过对农户行为进行管控，使其以更大的概率（即概率 t 提升至概率 s）提供"合格"产品，从而降低发生食品安全问题的概率（即概率 g 降至概率 f）。

（5）概率 s、t、f、g 的变化对企业是否管控农户行为的影响不同。当企业对农户行为进行管控时，如果农户提供"合格"产品的概率越大，即 s 越大，企业越有动力管控农户行为，从而获得较高的收益 R_Y；当企业不管控农户行为时，如果农户提供"合格"产品的概率越大，即 t 越大，企业为节约成本因而更容易不对农户行为进行管控；当农户提供"合格"产品时，如果发生食品安全问题的概率越大，即 f 越大，企业越没有积极性对农户行为进行管控，此时说明"合格"产品并不能发挥防范食品安全问题的作用，即食品安全认证体系和追溯体系不能真正发挥功能；当农户提供"不合格"产品时，如果发生食品安全问题的概率越大，即 g 越大，企业越有积极性去对农户行为进行管控，以降低农户提供"不合格"产品的概率，从而避免遭受发生食品安全问题所带来的损失。

8.3 认证机构—企业—监管者（监管部门、消费者）的博弈模型分析

食品安全信息作为食品内在安全的重要表征，是消费者赖以判断食品安全的首要工具，然而，食品安全信息所具有的不对称性及公共产品属性，使得监管部门必然介入食品安全信息的监管，并占有十分重要的地位。因此，在认证机构对食品企业的可追溯信息的监管方面，考虑监管部门、认证机构、企业三个决策主体的博弈模型，此外，消费者虽然不是食品安全信息监管中的主要决策主体，但作为食品安全信息的主要受众，在接收到食品安全信息时也会做出相应的反应，在出现食品安全问题时，会通过可追溯信息来实现溯源追责，在一定程度上发挥了公众监督的作用，因此在博弈模型中会通过间接的方式考虑其行为。

8.3.1 模型假设

（1）首先，在耦合监管背景下，监管部门及认证机构希望食品企业实现

食品安全可追溯，而企业可以考虑的策略为｛不可追溯，可追溯｝，相应的概率分别为｛ν，$1-\nu$｝，这里的可追溯是指企业通过努力建设食品安全追溯体系，能够提供真实有效的食品可追溯信息，最终实现食品安全可追溯，不可追溯是指企业实际上根本就没有建设食品安全追溯体系或在建设中"偷工减料"，从而无法提供食品可追溯信息或所提供的可追溯信息无效，最终导致食品安全不可追溯。其次，在耦合监管背景下，监管部门希望认证机构能够对企业的食品可追溯信息进行监管，促使企业食品真正实现食品安全可追溯，而认证机构可以考虑的策略为｛不监管，监管｝，相应的概率分别为｛γ，$1-\gamma$｝。最后，监管部门可以通过对食品可追溯信息的抽查，监督及控制认证机构和企业的行为，监管部门可以考虑的策略为｛抽查，不抽查｝，相应的概率分别为｛P，$1-P$｝。

（2）认证机构所认证的食品不能实现安全可追溯并且对生产不可追溯食品的企业可追溯信息不进行监管时，所得收益为 U_1；认证机构所认证的食品实现安全可追溯，或对生产不可追溯食品的企业可追溯信息进行监管以使其实现可追溯时，所得收益为 αU_1，其中 $\alpha \geq 1$ 表示由于认证机构所认证的食品实现安全可追溯，或认证机构对生产不可追溯食品企业进行可追溯信息监管以使其实现可追溯而获得的信誉收益系数，其大小由企业及消费者对认证机构的信任所决定；此外，认证机构对企业的食品可追溯信息进行监管，将付出成本 C_1。

（3）企业生产不可追溯食品，所得收益为 U_2；企业生产可追溯食品，获得收益 βU_2，其中 $\beta \geq 1$ 表示由于企业生产可追溯食品而获得的声誉收益系数，其大小由消费者对可追溯食品的偏好所决定；此外，企业生产可追溯食品，将付出成本 C_2。

（4）企业生产不可追溯食品时，若认证机构进行监管，则会对企业做出惩罚 M，而企业在遭受惩罚以后其损失不止为 M，同时还有因遭受惩罚所受的声誉损失（$\beta-1$）M，因此，企业遭受惩罚后的总损失为 βM；若认证机构不进行监管，监管部门抽查发现企业生产不可追溯食品时，对认证机构和企业做出惩罚 N，同样的，认证机构和企业的损失都要加上因遭受惩罚所受的信誉或声誉损失，总损失分别为 αN 和 βN。

显然，认证机构和企业很关心监管部门的抽查行为，当监管部门的抽查行为不同时，得到不同的博弈结果。不同抽查行为下的认证机构与企业博弈矩阵如表 8－5 和表 8－6 所示。

表 8－5   认证机构与企业的可追溯信息监管博弈矩阵（监管部门抽查 ＝ P）

		企业	
		可追溯（1－v）	不可追溯（v）
认证机构	监管（1－γ）	$\alpha U_1 － C_1$，$\beta U_2 － C_2$	$\alpha U_1 － C_1 ＋ M$，$U_2 － \beta M$
	不监管（γ）	αU_1，$\beta U_2 － C_2$	$U_1 － \alpha N$，$U_2 － \beta N$

表 8－6   认证机构与企业的可追溯信息监管博弈矩阵（监管部门不抽查 ＝ 1－P）

		企业	
		可追溯（1－v）	不可追溯（v）
认证机构	监管（1－γ）	$\alpha U_1 － C_1$，$\beta U_2 － C_2$	$\alpha U_1 － C_1 ＋ M$，$U_2 － \beta M$
	不监管（γ）	αU_1，$\beta U_2 － C_2$	U_1，U_2

8.3.2 模型求解

当认证机构采取监管策略时，监管部门介入与否对认证机构及企业的支付函数不产生影响，此时，当 $\beta U_2 － C_2 > U_2 － \beta M$ 时，即 $\beta U_2 － U_2 > C_2 － \beta M$ 时，就能实现认证机构与企业的（监管，可追溯）的策略组合。由于 $\beta U_2 － U_2 \geqslant 0$，因此 $C_2 － \beta M < 0$ 是当认证机构监管时企业采取可追溯策略的充分条件，即当认证机构监管，并对生产不可追溯产品企业的惩罚足够大时，企业宁愿花费成本去生产可追溯食品，也不愿冒险而遭受认证机构的巨大惩罚。

当认证机构采取不监管策略时，认证机构的期望收益为：

$$E_1 = \gamma(1－v)p\alpha U_1 ＋ \gamma vp(U_1 － \alpha N) ＋ \gamma(1－v)(1－p)\alpha U_1$$
$$＋ \gamma v(1－p)U_1 = － \gamma vp\alpha N ＋ \gamma\alpha U_1 － \gamma v\alpha U_1 ＋ \gamma vU_1$$

对企业而言，期望收益为：

$$E_2 = (1－\gamma)(1－v)p(\beta U_2 － C_2) ＋ (1－\gamma)vp(U_2 － \beta M) ＋ \gamma(1－v)p(\beta U_2$$
$$－ C_2) ＋ \gamma vp(U_2 － \beta N) ＋ (1－\gamma)(1－v)(1－p)(\beta U_2 － C_2)$$

$$+ (1 - \gamma) v (1 - p) (U_2 - \beta M) + \gamma (1 - v) (1 - p) (\beta U_2 - C_2)$$

$$+ \gamma v (1 - p) U_2 = \beta U_2 - C_2 - v \beta U_2 + v C_2 + v U_2 - v \beta M + \gamma v \beta M - \gamma v p \beta N$$

由于认证机构的目标是实现收益最大化，因此认证机构希望选择不监管的概率γ使自己的期望收益 E_1 达到最大，而监管部门作为监管者，希望通过抽查行为（选择相应的 p）并采取罚款等措施对认证机构的行为进行控制，使得认证机构在选择不监管策略时期望收益尽量小，小到直接为 0 或可以忽略不计，从而放弃不监管的策略选择，因此可设 $E_1 = 0$，从而得到：

$$E_1 = - \gamma v p \alpha N + \gamma \alpha U_1 - \gamma v \alpha U_1 + \gamma v U_1 = 0$$

于是有：$p = \dfrac{(1 - v) \alpha U_1 + v U_1}{v \alpha N}$

或：$= \dfrac{1}{1 + \dfrac{pN}{U_1} - \dfrac{1}{\alpha}}$

另外，企业希望自身的期望收益最大，即在监管部门严格管控认证机构行为使其收益 $E_1 = 0$，以及监管部门抽查概率变量约束的条件下，求：

$$\max E_2 = \beta U_2 - C_2 - v \beta U_2 + v C_2 + v U_2 - v \beta M + \gamma v \beta M - \gamma v p \beta N$$

将上式对 v 求导，得到企业最优化的一阶条件为：

$$\frac{\partial E_2}{\partial} = - \beta U_2 + C_2 + U_2 - \beta M + \gamma \beta M - \gamma p \beta N = 0$$

得到认证机构的反应函数为：

$$\gamma = \frac{(\beta U_2 - U_2) + (\beta M - C_2)}{\beta M - p \beta N}$$

解得模型的均衡解为：

$$p^* = \frac{(1 - v) \alpha U_1 + v U_1}{v \alpha N}$$

$$v^* = \frac{1}{1 + \dfrac{pN}{U_1} - \dfrac{1}{\alpha}}$$

$$\gamma^* = \frac{(\beta U_2 - U_2) + (\beta M - C_2)}{\beta M - p \beta N}$$

8.3.3 模型结果分析

监管部门、认证机构、企业各方的策略选择如下：

（1）监管部门抽查的概率p^*。由$p^* = \dfrac{(1-v)\alpha U_1 + vU_1}{v\alpha N}$可知，监管部门不抽查条件下的认证机构不监管所得期望收益$(1-v)\alpha U_1 + vU_1$越大，监管部门抽查的概率p^*越大，这是由于认证机构采取不监管策略的诱惑就更大，认证机构越愿意冒险采取不监管策略，此时监管部门为控制认证机构采取不监管策略的行为，就会加大抽查监管的力度，监管部门抽查的概率p^*也就越大；而企业生产不可追溯产品条件下，监管部门抽查后对认证机构惩罚时认证机构实际遭受损失$v\alpha N$越大，监管部门抽查的概率p^*会越小，这是由于认证机构为避免遭受惩罚时受到巨大损失，就倾向于对企业进行监管，监管部门介入食品安全信息监管的需要就有所降低，此时监管部门抽查的概率p^*也就越小。

（2）认证机构不监管的概率γ^*。由$\gamma^* = \dfrac{(\beta U_2 - U_2) + (\beta M - C_2)}{\beta M - p\beta N}$可知，企业由于生产可追溯食品能够获得的额外收益$\beta U_2 - U_2$越大，也即企业生产可追溯食品而获得的声誉收益系数$\beta$越大（表示消费者对可追溯食品的偏好使得生产可追溯食品的企业获得较大的声誉收益），认证机构不监管的概率γ^*会越大，这是由于企业能够通过生产可追溯食品获得的收益越大，企业就越倾向于自觉生产可追溯食品，此时认证机构也就倾向于不花费成本的不监管策略，反之，若声誉收益系数β越小，企业不能从生产可追溯食品中获得较大的收益，企业没有足够的动力自觉生产可追溯食品，则认证机构就会降低采取不监管策略的概率γ^*，即增加对企业监管的概率；企业遭受认证机构惩罚的实际损失与其生产可追食品付出成本的差额$\beta M - C_2$越大，认证机构不监管的概率γ^*越大，这是由于$\beta M - C_2$所代表的真实含义为认证机构对企业采取惩罚措施的威慑力，若企业受到认证机构惩罚时的实际损失βM足够大，大到企业宁愿付出成本C_2去生产可追溯食品，那么企业就会更倾向于自觉生产可追溯食品，那么认证机构就越倾向于不监管，反之，若$\beta M - C_2$越小，认证机构对企业采取的惩罚措施威慑力不足，企业会更愿意冒险生产不可追溯食品，则认证机构就会降低采取不监管策略的概率 γ^*；企业遭受认证机构惩罚时的实际损失与其遭受监管部门惩罚时的实际损失差额 $\beta M - p\beta N$ 越大，认证机构不监管的概率 γ^* 越小，即认证机构采取监管策略的概率更大，因为 $\beta M - p\beta N$ 代表认证机构与监管部门在惩罚企业上的实际成效差距，这个差距越大，表示认证机构越有充分的权利去做出足够大的惩罚决定，这个惩罚决定甚至比监管部门能够做出的惩罚决定更有效，那么认证机构将有足够的动力去监管企业的行为，因为当认证机构在对生产不可追溯食品的企业进行惩罚时将获得收益 M。

（3）企业生产不可追溯食品的概率 v^*。企业生产不可追溯食品的概率 $v^* = \dfrac{1}{1 + \dfrac{pN}{U_1} - \dfrac{1}{\alpha}}$，即企业生产可追溯食品的概率 $1 - v^* = \dfrac{1}{1 + \dfrac{1}{\dfrac{pN}{U_1} - \dfrac{1}{\alpha}}}$，由此

可知 $\dfrac{pN}{U_1} - \dfrac{1}{\alpha}$ 越大，企业生产可追溯食品的概率 $1 - v^*$ 越大，其中 pN 表示监管部门的惩罚威慑，由此，监管部门的惩罚威慑 pN 越大，认证机构所认证的食品不能实现安全可追溯并且对生产不可追溯食品的企业可追溯信息不进行监管时所得收益 U_1 越小，认证机构所认证的食品实现安全可追溯，或对生产不可追溯食品的企业可追溯信息进行监管以使其实现可追溯而获得的信誉收益系数 α 越大（表示由于企业及消费者对认证机构的信任使得认证机构获得较大的信誉收益），此时认证机构更倾向于对企业进行监管，企业也就更倾向于生产可追溯食品。

8.4 本章小结

（1）在认证机构与企业之间，增加认证机构被追责的风险损失是规范认证机构行为、促进企业生产高安全食品的有效手段。认证机构根据企业的生产行为选择监督或违规概率，当安全认证食品标识能够给企业带来足够高的收益时，企业有积极性自觉生产高安全食品，此时认证机构倾向于以更小的

概率监督企业，但如果企业生产高安全食品的成本偏高，企业违规生产的可能性也就越大，此时认证机构为督促企业生产高安全食品就需要提高其检查监督的概率。然而，如果认证机构的检查监督成本过高，认证机构会降低对企业检查监督的概率，企业也就降低了生产高安全食品的积极性。但是，当食品可追溯时，认证机构需要承担被追责的风险，认证机构被追责的风险损失越大，认证机构越不愿意造成这样的损失，就会加大检查监督的力度，由此促进企业生产高安全食品，此外，增加认证机构被追责的风险损失，实际上也增加了认证机构违规时所要承担的总损失，此时认证机构越不愿意违规而承担损失，这样其违规的概率就越小，企业寻求共谋的概率也就越小。

（2）在食品供应链中，企业需要对农户生产行为进行管控，对于安全认证可追溯食品，认证机构的介入并准确披露产品及企业管控行为信息，是企业积极有效管控农户生产行为的关键。当认证机构难以准确披露信息时，企业越容易隐瞒信息，可能会通过以次充好或者发布虚假管控信息从而获得较高收益；只有当认证机构能够准确披露信息时，才能真正使有效管控农户行为的企业获得良好声誉收益，此时，如果农户提供"不合格"产品，而企业没有对农户行为进行管控，企业将遭受惩罚，惩罚越大，农户提供"不合格"产品给企业带来的损失越大，从而迫使企业对农户行为进行管控。

（3）在安全认证与追溯体系耦合监管背景下，认证机构对企业的可追溯信息传递行为进行监管，对认证机构应采取多激励、适当惩罚的政策，赋予认证机构充分的监管权力。如果企业生产可追溯食品能能够获得足够高的收益，企业就有动力自觉生产可追溯食品，此时，认证机构倾向于对企业不监管，而当认证机构有充分的权利做出足够大的惩罚决定时，认证机构会有足够的动力去监管企业的行为，而且，当认证机构对企业采取的惩罚措施具有较大的威慑力时，企业就宁愿付出成本去生产可追溯食品。

（4）在各主体中，消费者承担着促使认证机构和企业积极主动推进食品安全认证和食品可追溯"拉动力"角色。在各主体博弈中，消费者都是认证机构和企业收益的重要影响因素，认证机构所认证的食品为高安全食品而获得的信誉收益、企业拥有安全认证食品标识使用资格而获得安全认证食品带来的声誉收益、企业销售 1 单位"合格"食品所获收益、认证机构所认证的食品实现安全可追溯或认证机构对生产不可追溯食品企业进行可追溯信息监管以使其实现可追溯而获得的信誉收益系数、企业生产可追溯食品而获得的声誉收益系数等均受消费者行为影响。消费者行为影响认证机构和企业的收益，进而影响认证机构和企业在博弈中的行为。在食品安全认证和追溯体系的运行中，消费者越是偏好安全认证食品和可追溯食品，认证机构和企业从食品安全认证和食品可追溯中获得收益越多，认证机构和企业越愿意积极主动进行食品安全认证和推进食品可追溯。

第9章　耦合背景下利益主体行为的实验经济学分析

现实中，利益主体并非完全理性的，仍然存在社会偏好等其他因素的影响，博弈分析所得到的结果，需要设计经济学实验，对其重要的结果进行模拟、检验。

9.1　耦合背景下生产者行为的实验经济学分析

9.1.1　理论假说

主流经济学的自利模型假设人总是追求利益最大化。行为经济学和实验经济学认为人具有社会偏好，包括利他偏好、差异厌恶偏好及互惠偏好等（宋紫峰和周业安，2011）。人们在关注自身利益的同时，也会出于社会偏好的动机将他人的福利纳入自己的效用函数中。有学者设计了一个独裁者实验，在他们的实验中，独裁者对一财富代币进行不同组合的分配，分配完毕后根据不同的转换率代币可以转换为货币（Andreoni and Miller，2002）。实验结果显示，包含了利他偏好的效用函数是连续、单调的凸函数，说明了人的利他行为是存在的。传递可追溯信息会花费信息传递者一定成本，但信息的传递有利于食品安全，保障消费者身体健康。因此，信息传递者的社会偏好是否会影响到其传递可追溯信息的行为便成为我们关注的一个方面。因此本章提出以下假说：

假说 1：信息传递者的社会偏好有助于提高其传递可追溯信息的积极性。

有学者在一个公共品博弈实验中发现：在无惩罚的实验局中，公共品的初始平均自愿供给水平大约为禀赋的一半，以后阶段自愿供给水平呈下降趋势；在带惩罚的实验局中，公共品每期平均自愿供给水平呈稳定的上升趋势（Fehr and Gächter，2000）。当引入惩罚机制后，公共品自愿供给往往能够达到一个相当高并且稳定的水平（Nikiforakis and Normann，2008）。这说明在公共品供给实验中，被试的社会偏好普遍表现出互惠特征，而在这种特征下，恰当的惩罚制度有助于激发被试的内在动机。连洪泉等（2013）认为，行业声誉本质上是一个公共品，对于行业的所有企业而言，若这个行业声誉较好，则每个企业能从中受益，而适当的惩罚机制有利于参与人的合作，维护行业声誉。同样，信息传递者普遍传递可追溯信息会改善社会食品安全环境并从中获益，因此可追溯信息具有公共物品的属性，监管（奖惩）环境是否会影响信息传递者传递可追溯信息的积极性？本章提出以下假说：

假说2：专业机构的监管有助于提高信息传递者传递可追溯信息的积极性。

农户对食品安全信息关注度影响其参与食品安全追溯体系积极性，对食品安全信息关注度越高，其参与食品安全追溯体系积极性越强（Zhao and Chen，2012）。姜励卿（2008）通过问卷调查和建立 Logit 模型，分析了蔬菜种植农户参与食品安全追溯体系的意愿。结果显示，提高农户对追溯制度本身的理解和认知，可以显著提高农户参与食品安全追溯体系的意愿。可追溯信息的有效传递是食品安全追溯体系建设的关键。对食品安全追溯体系的认知是否会影响信息传递者传递可追溯信息的积极性？本章提出以下假说：

假说3：对食品安全追溯体系的认知程度，有助于提高信息传递者传递可追溯信息的积极性。

9.1.2　实验设计

经济学家普拉特（Plott，1982）认为，"实验室建立的经济与现实经济相比可能特别简单，但是却一样的真实。真实的人物被真实的金钱所驱动，因为真实的天赋和真实的局限，做出真实的决策和真实的错误，并为其行为后果真实地悲喜"。有学者通过信任实验发现，学生可以作为被试者参与社会偏好行为的研究（Falk，Meier and Zehnder，2013）。此外，管理学院的学生对"耦合监管"这一管理问题的实验过程更易于理解，基本可以避免非受迫性实验失误。因此，本章研究选择中国海洋大学管理学院的学生作为实验中的被试者。

在我们的实验中一共有 22 名被试者，共分为两组：实验组和对照组，实验组 12 人，对照组 10 人。在实验组中，被试者要在"无监管环境"和"监管环境"中进行实验。而在对照组中，被试者需要做同样次数的试验，但所做实验均在"无监管环境"中进行。实验组 12 名被试者被分为两大组：A 组和 B 组，每组 6 人。A 组和 B 组分别随机挑选 5 名被试者扮演信息传递者的角色（对其进行编号为：1~5 号），每名信息传递者每轮实验前都会得到 10 枚虚拟实验币。另外 1 名被试者扮演信息监管者的角色。A 组和 B 组的区别在于对食品安全追溯体系认知不同，实验者将食品安全追溯体系的基本知识以及传递可追溯信息的重要性告知 B 组的信息传递者。但是，不告知 A 组信息传递者上述知识。A 组、B 组里的每一位信息传递者都按照相同的实验程序进行实验，具体实验程序以 A 组为例：A 组中的 5 名信息传递者都要进行六轮实验。实验开始之前，实验组织者首先向被试者宣读实验说明，告知被试者实验任务、实验规则、实验步骤等，待被试者充分了解实验说明后开始实验。第一轮实验开始时实验组织者都会发给被试者一份信息表（见表 9－1）和一张决策表。第二轮实验开始时实验组织者会发给被试者另一份信息表（见表 9－2），第二轮至第六轮均使用该信息表。两份信息表的内容有一定区别。信息表主要告知被试者在实验中的任务以及做出决策的依据、收益函数等，决策表主要用于信息传递者填写传递决策、实验组织者核算被试者的收益。

表 9－1   **第一轮实验信息表**

实验问题： 假如你是一名农户或一家农产品生产企业，加入食品安全追溯体系之后，你会选择传递几条可追溯信息（假设现在一共 10 条可追溯信息）？请将你的答案在写发给你的表格中

决策依据： 传递可追溯信息会花费信息传递者相应成本。假定每传递 1 条可追溯信息需要花费 1 枚虚拟实验币。传递可追溯信息会为你带来一定收益，假定传递可追溯信息的边际收益率为 $\alpha = 0.4$。此外，在第一轮结束时，你将获得该轮所有信息传递者投资总额的 $\beta(0.04)$ 倍作为你的公共收益[1]，且 $\beta < \alpha$[2]。

收益函数： 在实验开始前支付给信息传递者的总报酬为 0，在每一轮实验开始前给每个信息传递者 10 枚虚拟实验币，你可以决定分多少枚虚拟实验币来传递可追溯信息。第一轮实验中如果你分配 x_i 枚实验币来传递可追溯信息，那么传递完可追溯信息后你的收益为：

$$y_i = 10 - x_i + 0.4\, x_i + 0.04 \sum_{i=1}^{5} x_i \quad (0 \leqslant x_i \leqslant 10)$$

    注：①可追溯信息具有私人物品和公共物品的双重属性。短期来看，信息传递者传递可追溯信息时，自我价值的实现、承担社会责任的满足感，以及传递可追溯信息所带来的直接收益和社会评价都可以作为信息传递者的私人收益，因此可追溯信息具有私人物品的属性。长期来看，如果信息传递者普遍自觉传递可追溯信息，保障食品安全的社会风气就会越来越好，消费者也就越来越认可可追溯食品，可追溯食品价格提升，最终有利于增加信息传递者的收益，这部分收益可以作为信息传递者的公共收益。因此可追溯信息具有公共物品的属性。在无监管环境下，每轮信息传递者的收益函数应该包括私人收益和公共收益两部分。

    ②α 表示可追溯信息作为私人物品对个人的边际收益率。β 表示在长期里，社会普遍传递可追溯信息时，信息传递者获得的公共边际收益率。因为 β 是在长期的以后发生且取决于其他信息传递者，因此其取值必然小于短期内私人边际收益率。即 $\beta < \alpha$。此外，由于 $\frac{\partial y_{ij}}{\partial x_{ij}} = -1 + \alpha + \beta < 0$，即传递可追溯信息给个人带来的边际效益为负（也就是说只要被试者传递可追溯信息，就要付出成本且短期内该成本大于传递可追溯信息所带来的收益），所以信息传递者采取不传递任何可追溯信息策略对于被试者来说是占优行动。

表 9–2	第二轮实验信息表

实验问题： 假如你是一名农户或一家农产品生产企业，加入食品安全追溯体系之后，你会选择传递几条可追溯信息（假设现在一共 10 条可追溯信息）？请将你的答案写在发给你的表格中

决策依据： 传递可追溯信息会花费信息传递者相应成本。该实验假定每传递 1 条可追溯信息需要花费 1 枚虚拟实验币。传递可追溯信息会为你带来一定收益，该实验假定传递可追溯信息收益率为 $\alpha = 0.4$。监管部门若发现信息传递者 5 条可追溯信息不会对其进行处罚，但若发现传递可追溯信息数低于 5 条会对其进行惩罚，该实验中假定不传递可追溯信息的惩罚指数为 $\pi = 1.3$，即若发现信息传递者每少传递 1 条可追溯信息，监管者将会对其做出扣除 1.3 枚虚拟实验币的惩罚。若传递可追溯信息数多于 5 条会对信息传递者进行奖励，该实验中假定传递可追溯信息的奖励系数为 $\pi = 0.9$，即若发现信息传递者传递 5 条可追溯信息后每多传递 1 条可追溯信息，监管者将会对其做出给予 0.9 枚虚拟实验币的奖励。此外，在每一轮结束时，你将获得该轮所有信息传递者投资总额的 $\beta(0.04)$ 倍作为你的公共收益。

收益函数： 在实验开始前支付给信息传递者的总报酬为 0，在每一轮实验开始前给每个信息传递者 10 枚虚拟实验币，你可以决定分配多少枚虚拟实验币来传递可追溯信息。该轮实验中如果你分配 x_i 枚实验币来传递可追溯信息，传递完可追溯信息后，在没有被抽检到的情况下你的收益函数为：

$$y_{ij} = 10 - x_{ij} + 0.4\,x_{ij} + 0.04\sum_{i=1}^{5} x_{ij} \quad (0 \leqslant x_i \leqslant 10)$$

$1 \leqslant i \leqslant 5$，$2 \leqslant j \leqslant 6$（$i$ 为每组的信息传递者，j 为轮数）

在被抽检到的情况下你的收益函数为：

$$y_{ij} = (10 - x_{ij}) + 0.4\,x_{ij} + 0.04\sum_{i=1}^{5} x_{ij} + \pi(x_{ij} - 5) \quad (0 \leqslant x_{ij} \leqslant 5,\ \pi = 1.3;\ 5 < x_{ij} \leqslant 10,\ \pi = 0.9)$$

在第二轮至六轮实验中，信息监管者分别对信息传递者进行 20%、40%、60%、80% 和 100% 的抽检比率进行监管。具体抽检方法为：

将五名信息传递者进行编号（1~5 号），用标有 1~5 数字的卡片代表五名信息传递者，信息监管者在接下来的五轮实验中分别抽取 1、2、3、4、5 张卡片，抽到哪几张卡片就代表抽到卡片数字对应的信息传递者，信息监管者将对抽检到的信息传递者的信息传递情况进行检查并做出相应处罚或奖励。

每轮实验结束后，实验组织者都要对信息传递者的反馈信息进行有效记录。六轮实验全部结束时，实验组织者按照获得收益（虚拟实验币）的多少对信息传递者进行现金奖励。奖励额度依次为：40 元、35 元、30 元、25 元、20 元，此外，扮演信息监管者角色的参与者将获得 30 元的实验参与费。表 9–1 为 A 组中实验组织者在第一轮实验时发给被试者的信息表，被试者通过此表了解第一轮实验的相关信息。在充分了解这些信息后，被试者将做出第一轮实验的决策。

表 9–2 为 A 组中实验组织者在第二轮实验时发给被试者的信息表，被试者通过此表了解第二轮至第六轮实验的相关信息。在充分了解这些信息后，

被试者将做出第二轮至第六轮的决策。

B 组的实验程序和现金奖励形式与 A 组相同。但在实验前实验组织者会向被试者讲解食品安全追溯体系的基本知识以及传递可追溯信息的重要性。讲解信息如下：第一，食品安全追溯体系相关知识：食品安全追溯体系是建立在食品供应链上的一种信息查询系统，根据信息传播和控制的基本原理设计而成。这种体系从产品的生产、加工、流通到销售，每个环节都需要进行信息采集，让相关者特别是消费者能随时随地了解食品的来源和生产过程。第二，传递可追溯信息的重要性：保障消费者知情权；及时发现问题根源，有效找到问题食品去向；提高供应链的运行效率；维护消费者健康，保证食品安全；提高可追溯食品的价格，长远来看，有利于增加信息传递者的收益。

对照组与实验组的分组情况类似，不同之处在于实验组是在无监管环境和有监管环境两种背景下展开实验，而对照组仅在无监管环境下展开实验。对照组 10 名被试者也被分为两组：C 组和 D 组，每组 5 人。C 组和 D 组的所有被试者均扮演信息传递者的角色。每名信息传递者每轮实验前都会得到 10 枚虚拟实验币。C 组和 D 组的区别在于对食品安全追溯体系认知不同，D 组的被试者被告知与实验组中 B 组相同的食品安全追溯体系相关知识，而 C 组和实验组中的 A 组一样上述知识不被告知。对照组的实验程序与实验组中第一轮实验的实验程序相同。试验结束后，由于 C 组、D 组没有信息监管者，因此只按照获得收益（虚拟实验币）的多少对信息传递者进行现金奖励。奖励额度依次为：40 元、35 元、30 元、25 元、20 元。

9.1.3 实验结果及分析

一共有 22 名被试者参加了我们的实验。我们选取了中国海洋大学的在校大学生。整个实验持续时间大约 2 小时。首先由实验室工作人员大声宣读实验说明，然后在匿名和无讨论的状态下进行实验。

本章将 A、B、C、D 四组被试者可追溯信息传递数量及收益以表 9-3 和表 9-4 呈现。表 9-3 表示的是在监管环境下的 A、B 两组被试者六轮实验传递可追溯信息的数量及收益。表中括号外数字代表传递可追溯信息数量，括号内数字代表被试者在该轮的收益。

表 9 – 3 **A、B 两组可追溯信息传递数量及收益表**

轮数 j		被试者 i				
		1	2	3	4	5
A 组	1	1 （9.88）	2 （9.28）	4 （8.08）	3 （8.68）	2 （9.28）
	2	5 （7.84）	5 （7.84）	3 （6.44）	4 （8.44）	4 （8.44）
	3	4 （8.40）	4 （8.40）	4 （7.10）	4 （8.40）	4 （7.10）
	4	5 （8.00）	4 （7.30）	6 （8.30）	5 （8.00）	5 （8.00）
	5	7 （9.08）	6 （8.78）	9 （9.68）	8 （9.38）	7 （7.28）
	6	8 （9.62）	8 （9.62）	10 （10.22）	8 （9.62）	9 （9.92）
B 组	1	3 （8.84）	4 （8.24）	6 （7.04）	1 （10.04）	2 （9.44）
	2	5 （7.92）	7 （6.72）	4 （8.52）	3 （9.12）	4 （8.52）
	3	5 （7.96）	5 （7.96）	4 （7.26）	5 （7.96）	5 （7.96）
	4	7 （8.88）	7 （7.08）	7 （7.68）	6 （8.58）	6 （8.58）
	5	10 （10.22）	10 （10.22）	7 （9.32）	9 （9.92）	7 （7.52）
	6	10 （10.38）	10 （10.38）	9 （10.08）	10 （10.38）	8 （9.78）

表 9 – 4 表示的是无监管环境下的 C、D 两组被试者六轮实验传递可追溯信息的数量及收益。表中括号外数字代表传递可追溯信息数量，括号内数字代表被试者在该轮的收益。

表 9 – 4 **C、D 两组可追溯信息传递数量及收益表**

轮数 j		被试者 i				
		1	2	3	4	5
C 组	1	0 （10.48）	2 （9.28）	4 （8.08）	2 （9.28）	4 （8.08）
	2	0 （10.28）	3 （8.48）	2 （9.08）	1 （9.68）	1 （9.68）
	3	0 （10.24）	1 （9.64）	1 （9.64）	1 （9.64）	3 （8.44）
	4	0 （10.16）	2 （8.96）	1 （9.56）	1 （9.56）	0 （10.16）
	5	0 （10.04）	0 （10.04）	0 （10.04）	1 （9.44）	0 （10.04）
	6	0 （10.04）	0 （10.04）	0 （10.04）	1 （9.44）	0 （10.04）

续表

轮数 j		被试者 i				
		1	2	3	4	5
D 组	1	3 (8.72)	4 (8.12)	2 (9.32)	2 (9.32)	2 (9.32)
	2	2 (9.20)	3 (8.60)	1 (9.80)	2 (9.20)	2 (9.20)
	3	3 (8.80)	5 (7.60)	3 (8.80)	2 (9.40)	2 (9.40)
	4	2 (9.12)	2 (9.12)	1 (9.72)	2 (9.12)	1 (9.72)
	5	1 (9.64)	2 (9.04)	0 (10.24)	2 (9.04)	1 (9.64)
	6	1 (9.64)	2 (9.04)	0 (10.24)	2 (9.04)	1 (9.64)

9.1.3.1 信息传递者社会偏好的实验结果分析

如前所述，传统经济学理论认为，人是完全理性经济人。在传递可追溯信息决策时，在无监管环境下，不传递或传递极少可追溯信息是信息传递者的最优策略。行为经济学和实验经济学认为，人具有社会偏好，因此本章假设在无监管环境下，信息传递者仍然会选择传递一定量的可追溯信息。上述实验结果显示，A、B、C、D 四组信息传递者在六轮实验中都传递了一定量的可追溯信息。A、B 两组第一轮中，虽然不存在监管环境，信息传递了一定量的可追溯信息。C 组除了被试者 1，其余四名被试者在前三轮都传递了一定量的可追溯信息。D 组除了被试者 3 在第五、第六轮实验中不传递外，五名被试者在其他实验中均传递了一定量的可追溯信息。由此可以看出，人具有社会偏好，信息传递者在维护自身利益的同时愿意承担一定的社会责任，传递一定量的可追溯信息。假说 1 在此处得到了验证。图 9 - 1 为C、D 两组的可追溯信息平均传递折线图，由于 C、D 两组是在无监管环境下进行的实验，因此，图 9 - 1 可以直观显示社会偏好在信息传递者传递可追溯信息时的作用。如图 9 - 1 所示，C 组信息传递者六轮平均传递 0.2 ~ 2.4 条可追溯信息，D 组信息传递者六轮平均传递 1.2 ~ 2.6 条可追溯信息。从图9 - 1中还可看出，从第一轮到第六轮，C、D 两组均呈现一个明显的向下倾斜的趋势。可见随着实验轮数的增多，信息传递者传递可追溯信息数量逐渐减少，信息传递者的社会偏好呈减弱趋势。是什么原因导致这种现象呢？笔者认为首先是因为信息传递者存在"学习心理"。在每一轮实验结束后，信息传递者都会被告知该轮本小组传递可追溯信息的整体情况，信息传递者可根据可追溯信息整体传递情况算出该小组可追溯信息平均传递水平，在注意到小组可追溯信息平均传递水平低于自身传递水平时，信息传递者心理会降低社会偏好，在下一轮信息传递时，易于做出传递少于上一轮信息的决策。其次可能是出于某种策略，尽管信息传递者知道在无监管环境下不传递或传递极少可追溯信息是一个占优策略，但他们在早期可能不会这样做，一开始传递一定量的可追溯信息以"静观时变"，根据以后的情形决定自己的策略。

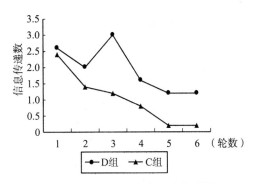

图 9 - 1   C、D 两组信息平均传递情况

9.1.3.2   监管环境和认知程度变量作用下的实验结果分析

本章运用随机区组设计中的方差分析和 F 值检验证明监管环境和对食品安全追溯体系的认知程度（以下简称认知程度）对结果的影响。随机区组设计主要是考察实验中两个或两个以上的实验变量对实验结果的影响的实验分析方法。通过随机区组设计，可以将不同变量对实验结果的影响剥离开来。在随机区组设计中，我们有如下线性模型：

$$y_{hj} = \eta + Øh + \gamma_j + \varepsilon_{hj} \quad (1 \leqslant h \leqslant 2 \quad 1 \leqslant j \leqslant 6)$$

其中，y_{hj} 为实验观察值；η 为总均值；$Øh$ 为需要被控制的因素对实验观察值的影响，即区组效应；γ_j 为第 j 个实验设置的实验效果；ε_{hj} 为均值为零的随机扰动项。

本实验涉及监管环境和认知程度两个变量，A、B 两组在认知程度上存在显著差异，但各组内部认知程度相同。这种情况下非常适合运用随机区组设计对实验结果进行分析。具体分析如下：

我们将被试者按照对食品安全追溯体系的认知程度进行分成 A 组和 B 组，在认知程度相同的各组被试者内，分别比较不同程度的监管环境对信息传递者传递可追溯信息的影响。运用这种方法，我们将监管环境对传递可追溯信息的影响和认知程度对传递可追溯信息的影响剥离开来。表 9-5 体现了 A 组和 B 组信息传递者传递可追溯信息的结果。

表 9-5　　　　随机区组设计和不同监管环境下的可追溯信息传递数量

区组	监管环境						
	无监管	20% 抽检	40% 抽检	60% 抽检	80% 抽检	100% 抽检	区组平均
A	2.40	4.20	4.00	5.00	7.40	8.60	5.27
B	3.20	4.60	4.80	6.40	8.60	9.40	6.17
均值	2.80	4.40	4.40	5.70	8.00	9.00	5.72

随机区组设计中的观察值到总平均值之间的离差平方和可以被分解为三个部分：实验组织者所感兴趣的实验效果，需要被屏蔽掉的区组效应以及不能被上述两种因素所解释的残差（见表 9-6）。

表 9-6　　　　　　随机区组设计下方差来源分析

来源	平方和	自由度
区组间	$S_{block} = k \sum_{h=1}^{n} (\bar{y}_h - \bar{y})^2$	$n-1$
实验设置间	$S_{treatment} = n \sum_{j=1}^{k} (\bar{y}_j - \bar{y})^2$	$k-1$
残差	$S_{resid} = \sum_{j=1}^{k} \sum_{h=1}^{n} (y_{hj} - \bar{y}_h - \bar{y}_j + \bar{y})^2$	$(n-1)(k-1)$
总效应	$S = \sum_{j=1}^{k} \sum_{h=1}^{n} y_{hj}^2 - nk\bar{y}^2$	$nk-1$

注："区组间"用于考察区组的不同（该实验中为认知程度）对实验结果的影响。"实验设置间"用于考察每组内部其他重要变量（该实验中为监管环境）对实验结果的影响。"总效应"用于考察所有变量对实验结果的影响。

总平方和 S 可被分解为区组间平方和 S_{block}，实验设置间平方和 $S_{treatment}$ 以及残差平方和 S_{resid}。S_{block} 显示区组效应，$S_{treatment}$ 显示实验效果，S_{resid} 显示无法被解释的其他因素。在本例中，使用这些公式可得：

与实验效果对应的均方比 $[S_{treatment}/(k-1)]/[S_{resid}/(n-1)(k-1)]$ 可用于检验各实验设置对实验结果的影响是否相等且是否为零。

零假设H_0：$\gamma_1 = \gamma_2 = \cdots = \gamma_k = 0$

备择假设 H_1：其他情况

当零假设为真时，实验效果为零，表 9-7 内所示的实验设置间均方与残差均方之商 $[S_{treatment}/(k-1)]/[S_{resid}/(n-1)(k-1)]$，服从 $F[k-1, (n-1)(k-1)]$ 的分布。因此，我们可以用 F 检验判定零假设的真伪。当随即扰动项ε_{hj}服从相互独立且同方差的正态分布时，F 检验为准确检验；在其他情况下，该检验被视作非参数随机检验的逼近近似检验。在本实验中，区组数量 n=2，实验设置（监管环境）数量 k=6，当各监管环境对实验结果不发生影响时实验设置间均方与残差均方之商服从 $F(5, 5)$ 分布。当显著水平为 5% 时，该分布下的临界值为 5.05。表 9-7 中所得均方比为 186.50，因此我们拒绝零假设，我们断定信息传递者所处的监管环境对实验结果有显著影响。

表 9-7 随机区组设计下方差来源分析结果

来源	平方和	自由度	均方	均方的期望	均方比（组间对残差）
组间	2.43	1	2.43	$\sigma^2 + k\sum_{h=1}^{n}\dfrac{\phi_h}{n-1}$	40.50
实验设置间	55.94	5	11.19	$\sigma^2 + n\sum_{j=1}^{k}\dfrac{\gamma_j^2}{k-1}$	186.50
残差	0.31	5	0.06	σ^2	
总效应	58.68	11			

类似地，与区组对应的均方比 $[S_{block}/(n-1)]/[S_{resid}/(n-1)(k-1)]$ 可用于检验区组效应是否相等且是否为零。

零假设H_0：$\emptyset_1 = \emptyset_2 = \cdots = \emptyset_n = 0$

备择假设 H_1：其他情况

当零假设为真时，区组效应为零，表9-7内所示的区组间均方与残差均方之商 $[S_{block}/(n-1)]/[S_{resid}/(n-1)(k-1)]$ 服从 $F[n-1,(n-1)(k-1)]$ 的分布。因此，我们可以用 F 检验判定零假设的真伪。同样，当随即扰动项 ε_{hj} 服从相互独立且同方差的正态分布时，F 检验为准确检验；在其他情况下，该检验被视作非参数随机检验的逼近近似检验。在本实验中，区组数量 $n=2$，实验设置数量 $k=6$，当参与者的认知程度对实验结果不发生影响时区组间均方与残差均方之商服从 $F(1,5)$ 分布。当显著水平为5%时，该分布下的临界值为6.61。表9-7中所得均方比为40.50，因此我们拒绝零假设，我们断定信息传递者对食品安全追溯体系的认知程度对实验结果有显著影响。

（1）监管环境对信息传递者传递可追溯信息的影响。图9-2为A组和C组信息传递者六轮实验中可追溯信息平均传递情况折线图。A组5名信息传递者第一轮平均传递2.4条可追溯信息，而在接下来监管环境中的五轮实验中信息平均传递情况整体呈上升趋势。为了更有效说明监管的作用，我们引入了对照组实验，在C组中除了无监管环境外，其他实验规则和流程与A组完全一样，这就可以剔除其他因素对信息传递效果的影响。通过A组与C组比较发现，A组在第二轮开始信息平均传递情况明显高于C组。说明信息监管者对信息传递者进行监管可以约束信息传递者的道德风险行为，监管力度越大，信息传递者传递可追溯信息的效果越好。同样地，图9-3为B组和D组信息传递者六轮实验可追溯信息平均传递情况折线图。从图9-3中可看出，

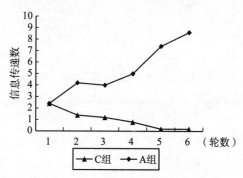

图9-2　A、B两组信息平均传递情况

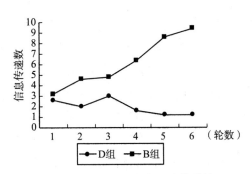

图 9－3　B、D 两组信息平均传递情况

B 组在第二轮开始信息平均传递情况明显高于 D 组。说明在对食品安全追溯体系有较好认知的前提下，是否实施监管对信息传递者传递可追溯信息仍有较大影响，且监管力度越大，信息传递者传递可追溯信息的效果越好。实验验证了假说 2 的合理性。

（2）认知程度对信息传递者传递可追溯信息的影响。图 9－4 为 A 组和 B 组信息传递者六轮实验可追溯信息平均传递情况折线图。比较两条折线可以看出，A、B 两组在六轮实验中传递可追溯信息的平均数量均呈上升趋势，且 B 组折线高于 A 组折线，说明在监管环境背景下，对食品安全追溯体系的认知程度对信息传递者传递可追溯信息具有较大影响。认知程度越高，信息传递者越会主动承担一定社会责任，传递较多的可追溯信息。同样地，图 9－1 为 C 组和 D 组信息传递者六轮实验可追溯信息平均传递情况折线图。比较两条折线可以看出，C、D 两组在六轮实验中传递可追溯信息的平均数量均

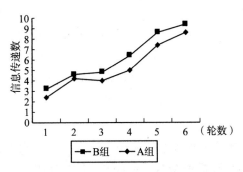

图 9－4　A、B 两组信息平均传递情况

呈下降趋势，但 D 组折线高于 C 组折线，说明虽然不监管导致可追溯信息传递效果不理想，但对食品安全追溯体系有较好的认知可以提高信息传递者传递可追溯信息的效果。假说 3 得到了实验的验证。

（3）个别现象的分析。前文分析中，随着监管程度的越来越大，信息传递者传递的可追溯信息数量会越来越多。但在图 9 - 4 中 A 组前三轮实验传递可追溯信息的平均数量出现了先大幅上升后缓慢下降的走势。为什么会出现这种情况呢？笔者认为这可能是信息传递者的收益和所处的监管环境互相博弈的结果。由于 A 组对食品安全追溯体系认知程度较低，其抵御风险的能力较差，在第二轮面临着可能被抽检到的压力时，信息传递者往往会采取多传递可追溯信息的策略。而由于第二轮监管力度较小，导致许多信息传递者投入的多但收益较小。由于第二轮中自己损失了一定的收益，并且已经对监管机制有了一定的了解，而第三轮 40% 的抽检率不是很高，导致一些信息传递者愿意"铤而走险"，希望通过传递较少可追溯信息来获取较多的收益。通过对表 9 - 2 中 A 组可追溯信息传递情况的具体数据可发现，在第二轮实验中除了 3 号被试者传递可追溯信息数量有所减少外，其余被试者传递可追溯信息数量都有一定量增加，尤其是 1 号和 2 号被试者，传递信息量增加幅度较大。而该轮被试者的收益较上一轮都有所减少。第三轮中面临着监管程度的增大，除了 3 号被试者传递可追溯信息数量有所增加外，其余被试者都选择了不多于上一轮的信息传递量，尤其是 1 号和 2 号传递者，传递信息量较第二轮有所减少。其收益由于在该轮中没有被监管到而有所增加，说明这两名信息传递者实施"铤而走险"策略成功。而 B 组前三轮实验传递可追溯信息的平均数量呈先大幅上升后缓慢上升的走势，在第三轮实验中之所以出现与 A 组相反的现象，笔者认为主要是因为 B 组信息传递者对食品安全追溯体系有较深刻的认识，其抵御风险的能力较强，较 A 组信息传递者更为理性，在传递可追溯信息时不会轻易受到收益的"患得患失"心理的影响。因此在第二、第三轮实验中，随着监管力度的加大，可追溯信息传递数量逐步增加。

前文分析到在无监管环境的实验中，随着实验轮数的增加，可追溯信息传递数量会呈现逐步降低的趋势，但图 9 - 1 中 D 组在第三轮实验中出现上升趋势，为什么会出现这种情况呢？笔者认为这可能出于信息传递者的一种试探心理。如表 9－4 中 D 组可追溯信息传递情况所示，在第二轮实验中，除了 4 号和 5 号信息传递者信息传递数量保持不变外，其余三位信息传递者信息传递数量都有所减少，而其收益都有所增加。由于 D 组是在无监管环境中进行实验，因此被试者可以凭借自己的主观意愿做出决策，这可能导致被试者在第三轮尝试与之前两轮相反的决策趋势进行决策（前两轮可追溯信息传递数量呈减少趋势），因此在第三轮中除了 4 号和 5 号信息传递者传递信息数量继续保持不变外，其余三名信息传递者信息传递数量均有所增加，而其收益都有所减少。通过三轮决策，信息传递者总结出了信息传递量和收益呈相反方向变化的规律，因此在接下来的几轮中，信息传递者传递可追溯信息数量越来越少。

C 组中 1 号信息传递者六轮实验均不传递可追溯信息，传统经济理论里"理性经济人"的存在性在实验中得以生动证明。由于是在无监管环境中进行实验，1 号信息传递者发现不传递可追溯信息收益是最大的，因此在六轮实验中均选择了不传递可追溯信息的策略。而实际上其各轮收益在所有被试者中是最大的。但值得注意的是，其收益呈现逐渐降低的走势，这是因为随着实验轮数的进行，其他信息传递者传递的可追溯信息越来越少，每位信息传递者得到的公共收益越来越少。这充分说明了可追溯信息的公共物品属性对信息传递者收益具有重要影响。

9.2 耦合背景下企业与认证机构
行为选择的实验经济学分析

9.2.1 理论分析

为尽可能简化且能最大限度地反映食品可追溯背景下认证机构与企业之间的利益关系，考虑一个简化的体系，体系中包含食品安全认证机构和 X 个基本同质的安全认证可追溯食品生产企业。认证机构的职责是对参与食品安全认证的企业进行跟踪检查和监管，在实际中，通过了食品安全认证的企业，可能会为追求经济利益，在后续生产中生产不符合安全认证标准的食品，并寻求与认证机构共谋而保有安全认证食品标识使用资格。而认证机构作为追求利益的主体，也可能会采取与企业共谋等无效监管行为，或在颁证之后不对企业进行跟踪检查等不监管行为。此外，在食品安全可追溯背景下，食品安全管理部门、消费者等其他监管力量会通过可追溯信息溯源追责，从而对企业进行监督，并且，当可追溯信息记录了认证责任人信息时，一旦发现企业存在违规生产行为而认证机构未对企业进行有效监管，此时可以对直接负责的主管人员和负有直接责任的认证人员追究责任。认证机构或其他监管力量中只要有一方检查发现企业没有按监管要求进行生产，企业都要遭受惩罚。

首先，考虑安全认证与可追溯食品生产企业行为。其在实际生产过程中可能做出两种选择，一种是完全按照安全认证标准进行生产，生产的食品可追溯并且符合安全认证标准（将其称为 A 类食品）；另一种是不完全按照安全认证标准进行生产，生产的食品可追溯但不符合安全认证标准（将其称为 B 类食品）。对安全认证与可追溯食品生产企业的生产成本作如下假设：第一，可追溯但是不按照安全认证标准生产的食品（B 类食品），生产成本为 C；第二，企业为使食品符合安全认证标准，需要额外付出成本C_1，即生产 A 类食品的成本为（$C + C_1$）。此外，假定相对于可追溯食品（仅具有可追溯码）的市场价格 P，认证与可追溯食品的市场溢价为 P_1，即安全认证与可追溯食品的市场价格为（$P + P_1$）。

其次，考虑认证机构行为。我国食品安全认证主要分为无公害食品认证、绿色食品认证和有机食品认证。其中无公害食品的管理由农业部农产品质量安全中心负责，认证属于公益性事业，认证机构不收取任何费用，实行政府推动的发展机制；绿色食品的管理由隶属于农业部的中国绿色食品发展中心负责，认证机构不以盈利为目的，收取一定费用保障事业发展，采取政府推动与市场拉动相结合的发展机制；有机食品的管理由隶属于农业部的中绿华夏有机食品中心负责，认证机构为独立经营运作的第三方认证机构，认证采取市场化运作。考虑到第三方认证机构与非第三方认证机构有所不同，第三方认证机构运营更依靠客户数量，收益与客户数量息息相关，而非第三方认证机构仅收取一定费用保障事业发展，更多的依靠政府推动，由此，将认证机构分为第三方认证机构和非第三方认证机构。

假设认证机构在一个认证有效期内有一定量的管理认证相关事务的费用，主要用作认证人员的工资和跟踪检查的监管成本。对于非第三方认证机构来说，这个管理费用来自政府拨款或为保障认证事业发展而收取的少量费用，管理费用与客户数量无关，设其额度为 G，另外，非第三方认证机构在对认证企业的跟踪检查监管中，需要付出监管成本，但无论对企业采取何种措施都不会影响认证人员的工资和监管成本的投入。而第三方认证机构的这个管理费用与客户数量有关，直接来自于认证机构对企业收取的费用，并且，当认证机构取消企业安全认证食品标识使用资格时，认证机构在本认证有效期或后续认证有效期的费用收取将受到一定损失。

在一个认证有效期内，第三方认证机构向企业收取的费用可分为企业获取证书的基本费用和保持证书的费用两个部分，其中获取证书的基本费用在认证申请、检查、审核等前期阶段收取，而保持证书的费用在后续的认证有效期内按规定收取。对第三方认证机构向企业收取费用作如下假设：第一，由于假设体系内企业基本同质，因此在一个认证有效期内，认证机构向所有企业收取的费用结构和金额基本相同；第二，在一个认证有效期内企业向认证机构缴纳获取证书的基本费用为 c_f，保持证书的费用为 c_v，即一个认证有效期内认证机构向单个企业收取的费用为 $(c_f + c_v)$，向体系内所有企业收取的费用为 $(c_f + c_v) \times X$。对于企业，无论是通过非第三方认证还是第三方认证，在一个认证有效期内企业向认证机构缴纳的费用已包含在各类食品的成本之内，不再另外扣减。

一方面，认证机构（包括非第三方和第三方认证机构）对通过了食品安全认证的企业需要做出监管决策，认证机构可能的行为选择如下：一是选择监管或不监管；二是如果选择监管，针对不符合安全认证标准食品（此处考虑的不符合安全认证标准情节较为严重，属于需取消安全认证标识使用资格的范围），选择取消或不取消企业的安全认证标识使用资格；三是如果选择监管，认证机构需将管理费用中的一部分作为对所有企业的监管成本，假设非第三方认证机构投入监管成本为 ηG，$(0 < \eta < 1)$，第三方认证机构投入监管成本为 $\theta(c_f + c_v) \times X$，$(0 < \theta < 1)$，对违规企业的罚款额度都为 $\omega(C_1 + P_1)$，表示惩罚力度与企业违规所得（食品不符合安全认证标准所节省的成本与安全认证标识所带来的溢价之和）成正比，此外，当取消企业安全认证

食品标识使用资格时，第三方认证机构将损失 $c_v \times E_B$，其中 E_B 表示因生产 B 类食品而被取消安全认证食品标识使用资格的企业数，$c_v \times E_B$ 的含义为由于取消了企业食品的安全认证标识资格，第三方认证机构在本认证有效期或后续认证有效期的费用收取将受到一定损失；四是如果选择不取消企业食品的安全认证标识使用资格，那么可能选择与企业共谋或对其超额罚款，此时认证机构需要决定一个接受共谋的最小收益值 t（$t < (C_1 + P_1)$ 表示认证机构希望企业至少支付多少，认证机构会同意与企业共谋），并决定一个超额罚款金额 $s = \beta\omega(C_1 + P_1)$（$\beta > 1$，$s < (C_1 + P_1)$），如果企业寻求与认证机构共谋，并且愿意支付足够高的共谋金，即共谋金大于等于 t，则认证机构接受与企业共谋，此时共谋成功；如果企业不寻求共谋或不愿意支付足够高的共谋金，即共谋金小于 t，则认证机构对企业采取"敲竹杠"，对其超额罚款，此时共谋失败；五是认证机构的监管行为分为不监管、有效监管、无效监管，有效监管是指对生产不符合安全认证标准食品的企业取消其安全认证食品标识使用资格并罚款；无效监管是指对生产不符合安全认证标准食品的企业不取消其安全认证食品标识使用资格。认证机构监管选择、监管成本、惩罚力度见表 9-8。

表 9-8   认证机构监管选择、监管成本、惩罚力度及监管损失

非第三方认证机构或第三方认证机构	监管			不监管
	针对不符合安全认证标准食品（B类）			
	取消安全认证食品标识使用资格并罚款	不取消		一
		共谋	超额罚款	
监管成本	ηG 或 $\theta(c_f + c_v) \times X$			0
惩罚额度	$\omega(C_1 + P_1)$	t	s	0
监管损失	0 或 $c_v \times E_B$	0		0

　　另一方面，企业根据销售价、成本、监管环境等因素决定实际生产食品的类型（A类或B类），企业生产不符合安全认证标准食品（B类）时，如果认证机构进行有效监管，则企业受到相应的惩罚，同时，企业还要承担因被取消安全认证食品标识而遭受的损失 P_1（安全认证食品标识带来的溢价）。

因此，为避免巨大的损失，生产不符合安全认证标准食品（B 类）的企业可能寻求与认证机构共谋，假设企业愿意支付 $t' = \alpha(C_1 + P_1)(0 < \alpha < 1)$ 作为认证机构不取消其安全认证食品标识使用资格的代价，$\alpha(C_1 + P_1)$ 的含义为企业违规所得的一部分。如果 $t' \geqslant t$，则共谋成功，共谋金为 t；如果 $t' < t$，则共谋失败，认证机构对企业超额罚款 s。假设 H 为共谋成功的企业数，I 为共谋失败的企业数。

此外，食品安全监管部门、消费者等其他监管力量作为最终的监管者，假设其对企业进行监督的概率为 p，监督能够发现企业是否违规，当发现企业生产不符合安全认证标准食品（即生产 B 类食品）时，如果认证机构已经对企业进行有效监管，此时最终监管者无须做任何的惩罚；如果认证机构没有对企业进行有效监管，即不监管或无效监管，此时最终监管者发挥监管作用。首先，对企业惩罚 $\omega(C_1 + P_1)$，企业不但要承担最终监管的惩罚，同时还将损失安全认证食品标识带来的溢价 P_1；其次，如果可追溯信息记录了认证责任人信息，当企业生产了不符合安全认证标准的食品（B 类）但使用了安全认证食品标识时，最终监管者能够根据可追溯信息查找认证责任人（认证机构）并进行惩罚，假设惩罚力度为 U'，如果有非法所得（t 或 s），没收非法所得，同时勒令取消企业的安全认证食品标识使用资格。根据上述假设，计算认证机构和企业在各种监管行为及生产行为选择下的收益函数，分别如表 9 - 9 和表 9 - 10 所示。

表 9 - 9 　　　　　认证机构在各种监管行为及生产行为选择下的收益函数

	是否监管	是否有效	最终监管能否追责	非第三方认证机构收益	第三方认证机构收益
认证机构	监管	有效	—	$G - \eta G + \omega(C_1 + P_1) \times E_B$	$(c_f + c_v) \times X - \theta(c_f + c_v) \times X - c_v \times E_B + \omega(C_1 + P_1) \times E_B$
		无效	未发现或不能追责	$G - \eta G + t \times H + s \times I$	$(c_f + c_v) \times X - \theta(c_f + c_v) \times X + t \times H + s \times I$
			发现并能够追责	$G - \eta G - U'$	$(c_f + c_v) \times X - \theta(c_f + c_v) \times X - U' - c_v \times E_B$

续表

	是否监管	是否有效	最终监管能否追责	非第三方认证机构收益	第三方认证机构收益
认证机构	不监管	—	未发现或不能追责	G	$(c_f + c_v) \times X$
			发现并能够追责	$G - U'$	$(c_f + c_v) \times X - U' - c_v \times E_B$

表 9 - 10　　　　　企业在各种监管行为及生产行为选择下的收益函数

企业生产食品类型	认证机构监管		最终监管	企业收益
A 类	—		—	$(p + p_1) - (c + c_1)$
B 类 寻求共谋	监管	有效	—	$(p + p_1) - C - \alpha(c_1 + p_1) - \omega(c_1 + p_1) - p_1$
		无效 共谋成功	发现违规	$(p + p_1) - C - t - \omega(c_1 + p_1) - p_1$
			未发现违规	$(p + p_1) - C - t$
		无效 共谋失败	发现违规	$(p + p_1) - C - s - \omega(c_1 + p_1) - p_1$
			未发现违规	$(p + p_1) - C - s$
	不监管		发现违规	$(p + p_1) - C - \omega(c_1 + p_1) - p_1$
			未发现违规	$(p + p_1) - C$
B 类 不寻求共谋	监管	有效	—	$(p + p_1) - C - \omega(c_1 + p_1) - p_1$
		无效	发现违规	$(p + p_1) - C - s - \omega(c_1 + p_1) - p_1$
			未发现违规	$(p + p_1) - C - s$
	不监管		发现违规	$(p + p_1) - C - \omega(c_1 + p_1) - p_1$
			未发现违规	$(p + p_1) - C$

　　企业需要做的决定是根据市场及监管环境，选择生产食品的类型，从而最大化企业的收益；认证机构的目标是选择适当的监管行为，从而最小化监管成本（包括监管成本和可能的最终监管追责）或者最大化收益。

　　结合现实与理论，考虑收益函数中各参数间的相对关系，确定各参数的取值，构建一个简单的虚拟体系以进行实验。各符号含义及参数取值如表 9 – 11 所示。

表 9 – 11　　　　　　　　　模型各符号含义及参数取值

符号	符号含义、参数取值
X	参与食品安全认证的企业数，X = 5
P	带可追溯码但没有安全认证食品标识的食品市场价，P = 160
P_1	有安全认证食品标识相对于没有安全认证食品标识食品的溢价，P_1 = 40
C	可追溯但不符合安全认证标准食品的成本，C = 110
C_1	企业为使食品符合安全认证标准需要额外付出的成本，C_1 = 40
G	非第三方认证机构的管理费用，G = 50
c_f	一个认证有效期内企业向第三方认证机构缴纳获取证书的基本费用，c_f = 5
c_v	一个认证有效期内企业向第三方认证机构缴纳保持证书的费用，c_v = 5
ηG	非第三方认证机构监管需投入成本，ηG = 40% × 50 = 20
$\theta(c_f + c_v) \times X$	第三方认证机构监管需投入成本，$\theta(c_f + c_v) \times X$ = 40% × (5 + 5) × 5 = 20
$\omega(C_1 + P_1)$	可以对生产不符合安全认证标准食品企业罚款的额度，$\omega(C_1 + P_1)$ = 1/8 × (40 + 40) = 10
$c_v \times E_B$	取消企业安全认证食品标识使用资格第三方认证机构的损失，$c_v \times E_B$ = 5 × E_B
p	最终监管者对企业抽检的概率，p = 20%
U′	政府根据可追溯信息查到认证责任人时的惩罚，U′ = 20

取值说明：（1）首先考虑食品的成本，将不带可追溯码且没有安全认证标识的食品成本设为基价 100，食品要实现可追溯则需要付出一定成本，根据元成斌和吴秀敏（2011）的调查研究，实行追溯体系成本增加幅度小于 20%，其中 48.3% 的企业认为成本增加小于 10%，因此，将可追溯食品成本 C 取值 110，将 C_1 取值 40，此时企业为使食品符合安全认证标准需要额外付出 36.4% 的成本。（2）考虑食品市场价，首先考虑不带可追溯码且没有安全认证标识的食品市场价，以蔬菜为例，蔬菜综合毛利率在 20% ~

40%，为方便计算，将不带可追溯码且没有安全认证标识的食品市场价定为140，此时毛利率为28.57%；根据霍布斯等（Hobbs et al, 2005）、迪金森等（Dickinson et al, 2005）和特劳特曼等（Trautman et al, 2008）的研究，虽然消费者都愿意为可追溯食品支付一定的溢价，但是费者并不重视可追溯性本身，而把可追溯性与质量验证结合起来会更有价值，因此带有可追溯码但没有安全认证食品标识的食品相对于不带可追溯码且没有安全认证标识的食品有一定的溢价，但溢价不高，因此将 P 取值为160，可追溯码带来14.3%的溢价；以有机食品为例，欧美市场有机食品比普通食品一般高出20%～50%，超过半数的消费者认为比常规食品高出5%～10%是比较可接受的价格（尹晓佳和张晶，2005），因此将 P_1 取值为40，此时安全认证食品标识带来25%的溢价。（3）非第三方认证机构和第三方认证机构管理费用及监管需要的投入取值基本相等。（4）其他参数取值根据实验设置需要进行取值，以能够实现对实验参与者的激励及约束为目标。参数取值后认证机构和企业在各种监管情况及生产情况下的收益见表9－12和表9－13。

表9－12　　　参数取值后认证机构在各种监管情况及生产情况下的收益

认证机构	是否监管	是否有效	最终监管能否追责	非第三方认证机构收益	第三方认证机构收益
	监管	有效	—	$50-20-10\times E_B$	$50-20-5\times E_B+10\times E_B$
		无效	未发现或不能追责	$50-20+t\times H+s\times I$	$50-20+t\times H+s\times I$
			发现并能够追责	$50-20-20$	$50-20-20-5\times E_B$
	不监管	—	未发现或不能追责	50	50
			发现并能够追责	$50-20$	$50-20-5\times E_B$

注：1. 最终监管者对企业抽检的概率 $p=20\%$；2. E_B 表示因生产 B 类产品而被取消安全认证食品标识使用资格的企业数；3. t 表示认证机构希望企业至少支付多少，认证机构会同意与企业共谋，如果企业不寻求共谋或不愿意支付足够高的共谋金，即企业愿意支付的共谋金 t' 小于 t，则认证机构对企业采取罚款 s；4. H 为共谋成功的企业数，I 为共谋失败的企业数（$t'\geq t$ 则共谋成功；$t'<t$ 则共谋失败）。

表 9 – 13　　　　　参数取值后企业在各种监管情况及生产情况下的收益

企业生产食品类型	认证机构监管			最终监管	企业收益
A 类	—			—	200 – 150
B 类	寻求共谋	监管	有效	—	200 – 110 – t' – 10 – 40
			无效 共谋成功	发现违规	200 – 110 – t – 10 – 40
				未发现违规	200 – 110 – t
			无效 共谋失败	发现违规	200 – 110 – s – 10 – 40
				未发现违规	200 – 110 – s
		不监管		发现违规	200 – 110 – 10 – 40
				未发现违规	200 – 110
	不寻求共谋	监管	有效		200 – 110 – 10 – 40
			无效	发现违规	200 – 110 – s – 10 – 40
				未发现违规	200 – 110 – s
		不监管		发现违规	200 – 110 – 10 – 40
				未发现违规	200 – 110

注：1. 最终监管者对企业抽检的概率 p = 20%；2. 是企业愿意支付的共谋金，作为认证机构不取消其安全认证食品标识使用资格的代价，是企业违规生产所得的一部分；3. t 表示认证机构希望企业至少支付多少，认证机构会同意与企业共谋，如果企业不寻求共谋或不愿意支付足够高的共谋金，即企业愿意支付的共谋金 t' 小于 t，则认证机构对企业采取罚款 s（t' ≥ t 则共谋成功；t' < t 则共谋失败）。

9.2.2　实验设计

9.2.2.1　实验参与者

每期的实验结构为：共 24 名参与者，为中国海洋大学管理学院学生，具有基本的经济学知识。将参与者随机分为 Ⅰ、Ⅱ、Ⅲ、Ⅳ 四个组，每个组中随机选择 1 位参与者作为认证机构，其余 5 位参与者均为企业，参与者类别确定之后不再变化。另外，实验中还涉及最终监管者（监管部门、消费者），由计算机扮演。每个组中的认证机构与企业分别决策，共同决定各自的收益。

为尽量使实验说明保持中性，实验中将共谋、超额罚款等专用术语用分利和罚款替代，并且将认证机构称为认证者，非第三方认证机构称为第一类认证者，第三方认证机构称为第二类认证者，企业称为生产者。四个实验组中，I组、Ⅱ组中的认证者为第一类认证者，Ⅲ组、Ⅳ组中的认证者为第二类认证者。

9.2.2.2　实验运行规则与实施

本实验于 2014 年 9 月，在中国海洋大学进行，共 22 期。前 2 期是练习阶段，让参与者熟悉实验流程和实际操作，收益不参与最终的支付计算。后 20 期为正式实验阶段，将正式实验阶段分为两个阶段，前 10 期为第一阶段，在第一阶段中，最终监管者以 20% 的概率（即每轮在每组中随机抽检 1 个生产者）对生产者进行抽检，并在认证者不监管或监管无效时对违规生产者进行惩罚，但是不能追究认证者的责任（模拟不可追溯背景下企业与认证机构行为选择）；后 10 期为第二阶段，在第二阶段中，最终监管者依然以 20% 的概率对生产者抽检，在认证者不监管或监管无效时对违规生产者进行惩罚，并且能够追究认证者的责任（模拟可追溯背景下企业与认证机构行为选择）。

实验开始前，实验组织者通过实验说明向实验参与者传达决策所需的公共信息，包括参与者可以采取的行动、各种行动组合下双方可能的收益等信息。

在实验中，认证者需要做的决策包括：选择监管或不监管；如果选择监管，是否取消生产不符合安全认证标准食品企业的安全认证标识使用资格；如果选择不取消企业食品的安全认证标识使用资格，需要决定一个接受分利的最小收益值，并决定一个罚款金额。生产者需要做的决策包括：决定实际生产食品的类型（A 类或 B 类）；企业生产 B 类食品时，选择分利或不分利；如果选择分利，决定分利金额。

在实验操作中，每期中参与者都会得到各自决策所需的表格，参与者做出决策并填写表格，表格填写完成后（此时参与者决策完成），实验组织者将生产者的决策传达给认证者，并将认证者决策传达给生产者。在实际操作中，生产者将决策填写在表格上，由组织者收集后交给认证者，认证者的决策直接由组织者向各组成员宣布。随后，实验组织者向认证者和生产者宣布最终监管者抽查决策（抽查决策由计算机随机做出）。各方根据行动组合，计算各自收益，一期实验结束。每五期结束后，将各参与者总收益进行通报，以激励参与者积极决策以获取更高报酬。实验中认证者及生产者需要填写的表格分别如表 9 - 14 和表 9 - 15 所示。

表 9 - 14　　　　　　　　　实验中认证者需要填写的表格

认证者	监管			不监管
	针对不符合安全认证标准食品（B 类）			—
	取消安全认证食品标识使用资格并罚款	不取消		
		分利（t）	罚款（s）	
认证者监管行为				
生产者生产类型	A 类：		B 类：	
生产者监管应对	不分利（t'=0）：		或分利（t'）：	
分利失败/成功情况	分利失败 I =		分利成功 H =	
最终监管者追责情况	A 类或不能追责		B 类发现违规并能追责	
本轮收益 Y				

注：认证者填写表格说明。第一步，认证者做出监管决策，勾选或填写"认证者监管行为"一栏；第二步，记录"生产者生产类型"及"生产者监管应对"；第三步，根据认证者及生产者双方决策结果，统计"分利失败/成功情况"；第四步，记录"最终监管者追责情况"；第五步，根据记录结果查看表 9 - 12，计算本轮收益。

表 9 - 15　　　　　　　　　实验中生产者需要填写的表格

认证者	监管			不监管
	针对不符合安全认证标准食品（B 类）			—
	取消安全认证食品标识使用资格并罚款	不取消		
		分利（t）	罚款（s）	
认证者监管选择				
生产者生产类型（销售利润）	A 类：50		B 类：90	
生产者监管应对	不分利（t'=0）		或分利（t'）：t' =	
分利失败/成功情况	分利失败		分利成功	
最终监管者抽检情况	A 类或未发现违规		B 类发现违规	
本轮收益 R				

注：生产者填写表格说明。第一步，生产者做出生产决策，勾选"生产者生产类型"一栏；第二步，若生产者生产类型勾选 B 类，则需要填写"生产者监管应对"一栏；第三步，记录"认证者监管选择"；第四步，根据认证者及生产者双方决策结果，判断"分利失败/成功情况"；第五步，记录"最终监管者抽检情况"；第六步，根据记录结果查看表 9 - 13，计算本轮收益。

实验结束后，参与者依据实验中的收益，按照一定规则获得实际报酬，规则如下：将每组生产者（5 个生产者）的报酬分为四个等级：40 元（1 名）、30 元（1 名）、20 元（1 名）、15 元（2 名），四位认证者的报酬分为四个等级、50 元（1 名）、40 元（1 名）、30 元（1 名）、20 元（1 名），实验结束后，根据参与者在实验中的收益总和排名支付报酬。

9.2.3　实验数据分析与结果

9.2.3.1　非第三方认证机构与第三方认证机构监管行为选择

实验共有 4 名认证者，其中 2 名代表非第三方认证机构，另外 2 名代表第三方认证机构，每组实验进行 20 期，因此，非第三方认证机构与第三方认证机构的监管行为选择各有 40 次。表 9 - 16 总结了两类认证机构不同监管行为选择的次数及占总选择次数的比例。

表 9 - 16　　　　　　　　两类认证机构不同监管行为选择及比例

		监管行为选择	
		有效监管	非有效监管
认证机构类型	非第三方认证机构	13（32.5%）	27（67.5%）
	第三方认证机构	11（27.5%）	29（72.5%）
合计		24（30%）	56（70%）

注：表中非有效监管包括无效监管和不监管。

从数据上可以看出，非第三方认证机构选择有效监管的比例为 32.5%，第三方认证机构选择有效监管的比例为 27.5%，两类认证机构选择有效监管的比例都相对较低，而且非第三方认证机构与第三方认证机构的监管行为选择差异不大。根据实验模型，第三方认证机构在采取有效监管行为（即取消企业安全认证食品标识使用资格）时，第三方认证机构会遭受一定的监管损失，然而，实验数据并没有体现出第三方认证机构与非第三方认证机构监管行为选择上的明显差异。为具体地考察非第三方认证机构与第三方认证机构在监管行为选择上是否存在差异，对两类认证机构的监管行为选择数据进行两独立样本的 K – S 检验，采用 SPSS 13.0 软件进行检验。检验结果如表 9 – 17 所示。

表 9 – 17   两类认证机构的监管行为选择的 K – S 检验

Test Statistics[a]		是否有效监管
Most Extreme Differences	Absolute	0.050
	Positive	0.000
	Negative	− 0.050
Kolmogorov – Smirnov Z		0.224
Asymp. Sig.（2 – tailed）		1.000

注：a. Grouping Variable：是否第三方。

由表 9 – 17 可知，两类认证机构的监管行为选择的累积概率的最大绝对差为 0.050。$\frac{1}{2}\sqrt{n}D$（其中 D 为 K – S 统计量）的观测值为 0.224，概率 P 值为 1.000。取显著性水平 α 为 0.05，由于概率 P 值大于显著性水平 α，因此不能拒绝原假设，认为非第三方认证机构和第三方认证机构的监管行为选择的分布不存在显著差异。

在现实中，我国有机认证属于第三方认证机构认证，是完全的市场化运作，很容易出现钱证交易，甚至存在少数机构只管收费发展、忽视审核、放任事后监管等现象，导致有机食品行业监管失控，市场上的有机食品优劣混杂，消费者难以辨别。尽管信誉机制能够起到一定的约束作用，但由于监管力度不足，部分认证公司在激烈的竞争面前还是难以规范自身行为。与有机食品不同，无公害认证和绿色认证都属于非第三方认证机构认证，认证机构属于农业行政主管部门或农业部所属事业单位。近年来，随着人们对健康绿色食品的需求不断增长，安全认证食品成为提升消费者信心的重要手段，消费者购买安全认证食品其实是希望买一份安心。在这样的背景下，无公害认证或绿色食品认证，尤其是绿色食品认证成为食品企业实现产品差异化、分割目标消费群体的热门途径，食品安全认证的市场拉动力越来越强，认证机构（或认证人员）面临经济诱惑越来越大，随之而来的是对认证机构的监管越来越难。一些发证机构在发证后，不再进行监管，使得企业忽视了后期的生产标准。

9.2.3.2　追溯体系介入前后的认证机构监管行为选择对比分析

当安全认证食品实现了可追溯，并且可追溯信息记录了认证责任人的相关信息，一旦发现安全认证食品存在不符合安全认证标准等问题，就能够追究安全认证机构相关责任人的责任，建立认证机构和认证企业的连带责任关系，加强安全认证食品的监管。

在实验中，分为两个阶段，前 10 期不考虑对认证机构（或认证人员）的追责，后 10 期实验中，如果最终监管者发现抽检企业生产的是不符合安全认证标准的食品，而认证机构没有进行有效监管，则能够对认证机构进行追责。由于在实验结果中非第三方认证机构与第三方认证机构在监管行为选择中没有明显差异，因此不作分别考虑。表 9 – 18 总结了不能追责和能够追责两种情况下认证机构的监管行为选择及比例。

表 9 – 18　　　不能追责和能够追责两种情况下认证机构的监管行为选择及比例

		监管行为选择	
		有效监管	非有效监管
能否追责	不能追责	3（7.5%）	37（92.5%）
	能够追责	21（52.5%）	19（47.5%）
	合计	24（30%）	56（70%）

注：表中非有效监管包括无效监管和不监管。

从表 9 – 18 中数据可以很明显地看出，在能够追责的情况下，相对于不能追责，认证机构选择有效监管的比例有很大的上升。在不能追责的情况下，认证机构选择有效监管的比例仅为 7.5%，而能够追责时，认证机构选择有效监管的比例上升到 52.5%，甚至超过了选择非有效监管的次数。为了具体地探究能否追责是否真的对认证机构的监管行为选择有显著影响，对不能追责和能够追责两种情况下的两组数据进行两配对样本的

McNemar 检验，同样采用统计软件 SPSS 13.0 进行检验。检验结果如表 9 – 19 和表 9 – 20 所示。

表 9 – 19   能否追责情况下认证机构监管行为选择的 McNemar 检验结果（一）

不能追责	能够追责	
	0（非有效监管）	1（有效监管）
0（非有效监管）	16	21
1（有效监管）	3	0

表 9 – 20   能否追责情况下认证机构监管行为选择的 McNemar 检验结果（二）

Test Statistics[b]	
	不能够追责 & 能够追责的认证机构监管行为选择
N	40
Exact Sig.（2 – tailed）	0.000

注：a. Binomial distribution used. b. McNemar Test。

由表 9 – 19 和表 9 – 20 可知，当由不能追责变为能够追责时，认证机构由选择非有效监管变为有效监管的次数为 21，而由有效监管变为非有效监管的次数为 3，双尾的二项分布累计概率为 0.000（单尾为 0.000），取显著性水平 α 为 0.05，由于概率 P 值小于显著性水平，因此拒绝原假设，认为不能追责和能够追责两种情况下认证机构的监管行为选择发生显著变化。也就是说，相对于不能对认证机构追责的情况，在能够对认证机构追责的情况下，认证机构显著地倾向于选择有效监管。

9.2.3.3　不同监管环境下的企业行为对比分析

企业根据不同的监管环境，选择不同的生产行为（完全或不完全按照安全认证标准生产），生产的食品符合安全认证标准或不符合安全认证标准。而当企业采取违规生产行为（即不完全按照安全认证标准生产）时，可能寻求与认证机构共谋，试图以较小的成本获得安全认证食品标识带来的溢价。认证机构为获得更多的利益，可能会同意与企业共谋，而最终监管者能够以一定的概率发现企业的违规行为。在实验中，每个组共有 5 个企业，四个组一共 20 个企业，实验进行 20 期，共得到 400 个企业生产行为选择数据，每期实验在每组中抽检 1 个企业，共 80 个抽检数据。表 9 – 21 统计了不同监管环境下企业生产行为选择及其所占比例，表 9 – 22 统计了最终监管者对企业的抽检结果。

表 9 – 21　　　　　　　　不同监管环境下企业生产行为选择及其所占比例

		企业生产行为选择			
		违规		总违规次数	未违规次数
		寻求共谋	不寻求共谋		
能否对认证机构追责	不能追责	109（54.5%）	37（18.5%）	146（73%）	54（27%）
	能够追责	70（35%）	28（14%）	98（49%）	102（51%）
合计		179（44.75%）	65（16.25%）	244（61%）	156（39%）

表 9 – 22　　　　　　　　　　最终监管者对企业的抽检结果

		最终监管者抽检结果		
		违规次数	未违规次数	抽检合格率
能否对认证机构追责	不能追责	30（75%）	10（25%）	25%
	能够追责	16（40%）	24（60%）	60%
合计		46（57.5%）	34（42.5%）	42.5%

从表 9 – 21 可以看出，在实验中，不同监管环境下（能否对认证机构追责），企业的生产行为选择有所不同。在不能对认证机构追责的监管环境下，企业大部分选择违规生产，占 73%，并且一半以上（占 54.5%）选择寻求与认证机构共谋，而未违规生产的次数仅占 27%；在能够对认证机构追责的监管环境下，企业违规生产的次数有所下降，占总次数的 49%，其中寻求共谋的次数仅占 35%，有一半以上（占 51%）选择不违规生产。从表 9 – 22 可以看出，在不能对认证机构追责的监管环境下，最终监管者的抽检合格率仅为 25%，而在能够对认证机构追责的监管环境下，最终监管者的抽检合格率达到 60%。

9.3　本章小结

基于以上生产者行为实验分析，主要得出如下结论：第一，在可追溯信息传递过程中，信息传递者具有社会偏好。经济生活中，农户或企业在传递可追溯信息时不光考虑自身利益，还会担负一定的社会责任，主动传递一定量的可追溯信息。但农户或企业的社会偏好不是一成不变的，易受到自身利益、政府干预等因素的影响。第二，专业机构的监管有利于提高农户或企业传递可追溯信息的积极性。监管力度的不同对农户或企业的心理会产生不同的影响，对食品安全追溯体系认知较低的农户或企业尤其如此。刚开始实施监管时，农户或企业会采取谨慎的态度，传递一定量的可追溯信息。而在对监管机制有一定了解后，在监管力度不大的情况下，农户或企业会在增加收益和面临监管之间进行衡量，选择"铤而走险"的策略，传递较少的可追溯信息。随着监管力度的越来越大，面临着普遍被监管的压力，农户或企业会主动传递较多的可追溯信息。第三，对食品安全追溯体系的认知程度显著影响农户或企业传递可追溯信息的积极性。认知程度越高，农户或企业越愿意担负越大的社会责任，其社会偏好越强，传递的可追溯信息也就越多。此外，认知程度较高的农户或企业不会轻易受到"患得患失"心理的影响，在经济决策时更趋于理性。第四，传统经济理论里的"理性经济人"在实验中以独特的形式生动呈现，增加收益是农户或企业从事经济活动的首要出发点。尤其对于抵御风险能力差的小规模农户或企业来说，利润最大化是其从事经济活动的主要目标。然而个人理性往往导致集体非理性。在传递可追溯信息的活动中，如果所有信息传递者均不传递可追溯信息，短期内个人实现利益最大化。但长远来看，集体合作遭到破坏，可追溯信息的功能不能有效发挥，最终损害相关主体利益。第五，可追溯信息长远来看具有公共物品属性，一个普遍传递可追溯信息的经济环境对于食品安全追溯体系的建设具有重要意义。然而，可追溯信息给相关主体带来的公共收益的显著增加难以短期内实现，其不仅取决于相关主体的社会偏好、政府的有效干预，更取决于对相关主体切身利益的刺激。

基于以上耦合背景下企业与认证机构选择行为的实验经济学分析，得到以下主要结论：第一，无论是第三方还是非第三方认证机构，当认证机构面临激烈竞争，面对利益诱惑，而监管机制又不健全、监管力度不足时，认证机构难以规范自身行为。随着安全认证食品的市场需求不断增大，食品安全认证行业的市场拉动力越来越强，认证机构（或认证人员）面临的利益诱惑越来越大，随之而来的是对认证机构的监管越来越难，更难以对企业获证后的生产行为进行有效监管，导致认证食品行业问题频发。第二，在可追溯背景下，相对于不能对认证机构追责的情况，认证机构显著地倾向于选择有效监管。在食品安全追溯体系介入安全认证食品监管的情况下，可追溯信息能够记录认证责任人信息，一旦使用安全认证标识的企业生产的食品出现问题，可以追究直接负责的主管人员和负有直接责任的认证人员的责任，这样的责任连带关系能够有效地约束认证机构（或认证人员）的行为，督促认证机构（或认证人员）对获证企业的生产行为进行跟踪检查，及时纠正获证企业的违规生产行为，这也正是安全认证与追溯体系耦合监管的真正意义所在。第三，食品安全追溯体系的介入能够加强安全认证食品行业的监管，改善监管环境，促使认证食品行业形成企业按照标准生产、认证机构有效监管、安全认证食品真正安全的良性循环，从而提升消费者信心，促进安全认证食品行业的发展。在不能对认证机构追责的监管环境下，监管环境较松懈，容易陷入企业违规生产、认证机构无效监管、企业与认证机构共谋的恶性循环，进而导致安全认证食品行业爆发信任危机。而在能够对认证机构追责的监管环境下，认证机构与认证企业承担连带责任，认证机构为保全自身，对企业进行有效监管，监管环境有所改善，此时，企业的寻求共谋行为失效，甚至因认证机构的有效监管而遭受巨大损失，进而约束企业的寻求共谋行为，企业放弃违规生产行为，整个认证食品行业得到净化。

第10章　国外食品安全认证与追溯监管体系及经验借鉴

在分析食品安全认证与追溯耦合监管下利益主体行为的基础上，需要对国外发达国家经过多年发展的较为成熟的食品安全监管体系进行梳理，以借鉴国外发达国家食品安全监管体系设置的成功经验。

10.1　国外食品安全认证监管体系

10.1.1　美国食品安全认证监管体系

10.1.1.1　有机认证监管

美国有机食品生产始于 19 世纪 40 年代末，有机食品的生产逐渐从试验园转移到大农场，通过贴上专有的有机标签进行销售。随着有机食品规模的增加，使得生产商亟须权威机构去证实其食品是按相应标准生产出来的。在 19 世纪 80 年代后期，有机食品产业界要求制定统一的有机食品生产标准，并向国会请求起草有机食品生产法案。随着有机标准的逐渐完善，有机食品的认证以及认证监管体系也相应建立，并在实践中不断发展，从而推动了美国有机食品产业的发展。

（1）有机农业组织及认证监管机构。美国联邦农业部组建了"国家有机标准委员会"，包括15个成员，分别由有机食品的生产、消费、研究等不同领域的代表组成，协助制定美国有机农业标准，并建议农业部在其他方面实施国际有机程序。农业市场服务处是美国农业部的下属机构，制定并实施有机食品的相关标准。美国的有机食品须经美国农业部认可的认证机构的检查和认证，认证机构可以是政府机构，也可以是私人机构（孙双艳，2007）。美国政府对食品的认证监管十分重视，并有多个部门参与认证监管，主要有农业部、人类与健康服务部、食品药品管理局、食品安全检验局等部门。

（2）有机认证监管的法规体系。在美国，对食品的监督管理全部依据法律进行，既有全国性的联邦法，也有地方法，内容涵盖食品认证制度和进出口检验、食品取样和分析方法、市场监控及早期预警等。1983 年，美国制定了有机农业法规，对有机农业进行了界定；1985 年又制定了《粮食安全法》，增设了《资源保护措施与农业生产效率法》；1990 年出台了《农业法案》，强调平衡粮食供给与环境保护之间的关系；1996 年修改了《农业法案》，提出了《联邦农业革新法》；2000 年，美国农业部确定了美国有机农业标准。为了保证有关标准的先进性，美国一般每 5 年复审一次（孙双艳，2007）。美国国会在 2008 颁布了《粮食、保护和能源法案》（也被称为《2008 美国农业法案》），这是在 2002 年法案基础上的 5 年农业政策规划延续，也是首次为美国农户的有机产品生产提供财政支持①。美国有机产品的标准制定实际上体现在包括《有机食品生产法案》（*Organic Food Production Act of* 1990）、《农业部有机法规》（*USDA organic regulations*）、《美国国家有机计划》（*National Organic Program Handbook*）与其指导草案（*Draft Guidance*）在内的法条中，并受其影响。其中有机食品生产法案确立了 NOP 及其在美国执行有机农产品销售、标签等相关方面的权威性。农业部有机法规 7CFR 第 205 部分包含了所有的农业部有机标准，涵盖了禁止性的行为、允许和禁止的物质。国家有机计划编制了有机产品的生产、转运、标识的强制性规章制度。NOP指导草案是为了增加质量与透明度，首次以草案的形式公布指导性的文件，并且向美国民众征询意见②。2013 年 5 月，为了完善美国有机食品标准，美国农业部全力支持有机农业机构，颁布了《有机农业、市场营销和工业的指导》文件，引导农业部有关机构支持有机农业。

美国《2014 农业法案》（*Agricultural Act of* 2014）在标题 Ⅱ（Conservation）、标题 Ⅶ（Research）、标题 Ⅹ（Horticulture）和标题 Ⅺ（Crop Insurance）部分均针对有机农业进行了描述，其中有四点值得关注：第一，大幅增加了协助有机食品生产者和管理者进行有机认证的基金资助；第二，增加了强制性有机认证的总体研究经费；第三，对有机认证生产者通常为其产品支付的推广计划费用进行了免除，并且增加了一个有机产品推广选择项；第四，提升有机食品生产者的农作物保险要求，并加强有机法律法规的执

---

① Greene, C., Dimitri, C., Lin, B. H., McBride, W. D., Oberholtzer, L., Smith, T. A. Emerging Issues in the U. S. Organic Industry [EB/OL]. http：//www. ers. usda. gov/publications/eib-economic-information-bulletin/eib55. aspx, 2012 – 05 – 26.

② Organic Regulations [EB/OL]. https：//www. ams. usda. gov/rules-regulations/organic.

法力度①。《美国国家有机计划（NOP）2015～2018战略规划》中提出，加强有机食品利益相关者之间的沟通，提供高质量的技术鉴定，加强市场监督，维持良好的市场环境。

10.1.1.2　强制性食品认证监管

美国最早的强制性食品认证是在华盛顿州，始于1950年。目前美国至少有17个州通过立法实行强制性认证制度。每个州都有明确的法规，并且安排专门人员进行解释和说明。尽管各个州的法规有所不同，但每个州的法规中都包括以下内容：谁负责任，如管理者或食品的经手者；负责人是否总是在食品生产或加工现场；重新认证的相关规定；税收减免额（陈雨生等，2009）。

大部分州规定对每个企业实行单个责任人制度。司法要求仅需一个责任人，如佛罗里达、伊利诺斯等州。在少数几个州则要求责任人为所有食品经手人。大部分州不要求责任人总是在场。但食物服务制度则要求责任人总是在现场。如果当事人短时间有事情则可以指定另一个责任人在场。一些法规明确规定责任人（如企业所有者或员工）在多个机构和某特殊时期的情况下可以不承担责任。对于认证期限，也存在不同规定。部分州要求食品企业每5年重新认证1次。部分州则要求食品企业每3年重新认证1次。对于减税，不少州的法规中没有明确列出减税的标准。但对下列情况可以适当减税，如果食品服务被政府机构监管，可以适当减税（Almanza et al，2004）。

10.1.2　英国食品安全认证监管体系

10.1.2.1　食品安全监管机构

在英国，食品安全监管主要由联邦政府、地方主管部门等多个组织共同承担。1997年，为加强监管，英国政府组建了食品标准局。食品标准局是一个独立监督部门，负责食品安全事务和制定各类标准，实行卫生大臣负责制

---

① Agricultural Act of 2014［EB/OL］. http：//www. ers. usda. gov/agricultural-act-of – 2014 – high-lights-and-implications/organic – agriculture. aspx，2015 – 06 – 16.

度，每年需要向国会提交年度监察报告。食品标准局内部设立特别工作组，加强对食品链的监控。英国法律授权监管机构可对食品的生产、加工和销售场所进行监管，并给予工作人员检查、复制和扣押相关记录的权力。所以当前英国中央一级负责食品安全事务的机构集中为两个：环境、食品、农村事务部（DEFRA）和食品标准局（FSA），前者侧重于在食品安全领域保证可持续性与健康，并负责农药与兽药的监控，后者负责从农田到餐桌全过程的所有食品安全和标准事务。FSA 的主要职能包括 4 个：一是政策制定；二是服务，即向公共当局及公众提供与食品有关的建议、信息和协助；三是检查，对食品及其原料的生产、流通进行检测；四是监督，对地方食品安全监管机关的执法活动进行监督、评估和检查。并且 FSA 地方分支机构在食品安全方面承担的责任越来越大，未来英国很可能出现一个上下统一的 FSA 监管体系专门负责有关食品安全的事务（国家食品药品监督管理总局英国食安监管培训团，2013）。现行最新法律规范《食品法典实务守则》是在 2015 年 4 月 7 日开始实施，主要有两点变动：第一，对食品注册登记和移动型食品场所、船舶和飞行器的检查工作安排进行了修订；第二，对授权官员的任职能力要求进行修订。

10.1.2.2 "小红拖拉机"认证与监管

2000 年，由首相发起，英国成立了农场保障体系（Assured Farm Standard，AFS）组织，过去负责食品认证标准的机构将过去众多的农产品卫生认证标准整合成以"小红拖拉机"为标识的农产品安全认证标准体系（British Food Standard，BFS），即英国食品标准体系。按照相关规定，不仅农田和家畜饲养场有卫生标准，而且屠宰场、肉类加工厂、食品加工厂、零售商和批发商等都有相应标准，从而保证标有"小红拖拉机"标识的农产品每一生产环节都达到了卫生标准。该体系主要通过其许可的质量安全认证体系对 6 大类农产品进行检测认证，包括牛羊肉、猪肉、鸡肉、乳制品、水果蔬菜和沙拉、农作物（如谷物、油料种子和甜菜）[①]。此外，从计划种植何种农作物开始，一直到栽培、收获、储存、运输、杀虫剂和废物的妥善处理，都有相应的标准。获得作物认证的种植者必须每年接受一次农作物的检查（李欣等，2006）。

---

① 英国红拖拉机（Red Tractor）食品安全体系认证与 2012 伦敦奥运 [EB/OL]. http：//www.agrochemnet. cn/zt/Olympic. html.

10.1.2.3　食品安全法规

英国国内法由基本法律和专门规定组成，基本法律的法律效力较高，是整个法律体系的基础，如 1984 年《食品法》，1990 年《食品安全法》和 1999 年《食品标准法》等；专门规定数量多，调整对象广泛，是基本法律的必要补充，如 1995 年《甜品规定》、1996 年《食品标签规定》等。调整对象涵盖所有食品类别，调整范围包括从农田到餐桌的各个环节。完善的法律体系为制定监管政策、检测标准以及安全认证等提供了有力依据，同时也为食品安全监管提供了严密的法律支撑（国家工商总局研究中心赴英国、西班牙考察团，2006）。为了进一步加强食品安全管理，2014 年颁布了《食品信息法》，2016 年颁布了《食品温度规章》。

在英格兰，《食品安全和卫生条例（2013 英格兰修订版）》规定了（EC）178/2002 某些强制执行条款（包括刑罚）。2014 年 7 月 14 日，食品信息公开条例正式生效，地方当局应当强制执行欧盟食品消费者信息条例 No 1169/2011（FIC），条例撤销了大部分适用于 1996 食品标签规定的食品，但奶油、传统英国奶酪的成分标准及一些酒精相关术语将保留制 2018 年①。

10.1.3　欧盟食品安全认证监管体系②

10.1.3.1　食品安全监管机构

由欧盟成员国确定的"具体负责的政府机构"是有机食品认证认可的权力机关。它对第三方认证机构进行认可和监督。成员国颁布具体规则，遵行《欧洲有机法案》的条例。成员国需要采取切实有效的措施，在养殖、屠宰、加工、包装、销售的产业链环节中，实现有机农产品生产的全程监控和食品产业链的有效管理，确保符合《欧洲有机法案》。监控机构实施监控操作程序，对纳入监控操作程序的有机食品生产、加工企业实施监管。2002 年 1 月，欧洲议

---

① Regulation and legislation ［EB/OL］. http：//www. food. gov. uk/enforcement/regulation.

② 欧洲有机法案 ［EB/OL］. http：//baike. baidu. com/view/1016648. htm? func = retitle, 2009 - 06 - 03.

会和理事会达成建立欧洲食品安全局（EFSA）的法案，EFSA 是一个独立机构，资金来源于欧盟预算，行政上不隶属于任何欧盟机构，其通过收集信息来帮助预测风险，主要职能定位为风险评估。这样风险评估与风险管理相分离，管理工作交由民主问责机构（理事会，委员会和欧洲议会）和成员国。

10.1.3.2 有机食品监管

在对有机农产品企业进行首次检查后，监管机构必须对企业的生产、加工车间或其他工厂每年至少做一次全面检查。为了检查不符合《欧洲有机法案》的生产操作，监管机构可以采样检测。每次检查应当出具检查报告，并由被检查单位的主管人签字。监管机构可随机地进行检查。重点对存在非有机农产品的可能污染以及危险的企业和环节进行监测。2010 年 2 月 8 日欧盟委员会宣布，经投票决定"欧洲叶（Euro-leaf）"标志将成为欧盟有机产品标志。根据欧盟现有有机农业条例规定，自 2010 年 7 月 1 日起，在欧盟任何成员国生产并符合有关标准的预包装有机产品必须具有该有机标志，象征着有机产品的绿色与安全。欧盟有机农业条例明确规定，食品或加工食品中必须至少含有 95% 的农业成分是来自于有机耕作或生物农场时该食品才能标明"有机（organic）"。欧盟不但严格规定在所有有机生产中拒绝使用任何合成化肥和人工化学植物防护剂，在加工的过程中也绝不使用任何人工添加剂，并采取具体的严格措施，如依同类疗法配制的各种土地活力配剂，以加强土壤和农产品间生命力律动的交互作用。除此之外，欧盟有机农业条例更进一步要求耕作人在耕作中须保持大自然周期的整体理念，令农场变成一个拥有自然周期和生命，能自给自足的生态系统，以保持农产品的高能量与纯净不受污染。同时有机生产也禁止使用转基因生物（GMO）和用转基因生物生产的产品，含 GMO 的产品也不得作有机标志。如在产品上使用欧盟有机认证标志，则表明该产品完全符合欧盟对于有机耕作的各项规定，属于有机产品。对于加工食品，则意味着至少有 95% 成分是有机的。新的标志上会标明控制机构的编码和产品原料的来源地。同时新的标志上会标明控制机构的编码和产品原料的来源地以提供消费者更多安全信息①。

---

① 新版欧盟 EU 有机认证 ［EB/OL］. http：//chinawto. mofcom. gov. cn/article/jsbl/zszc/201412/20141200826315. shtml，2014 - 12 - 09.

10.1.3.3 食品安全法规体系

《欧洲有机法案》是欧盟有机农业发展的法律保证。1991年欧洲议会颁布了《欧洲有机法案》，有机农业生产和流通必须符合有机农业法案，纳入有机农业监控操作程序。为了确保食品安全高标准以及恢复消费者的信心，欧盟试图建立有效的食品安全体系。欧盟2000年公布了《欧盟食物安全白皮书》，将现行各类法规、法律和标准加以体系化，提出了从田园到餐桌的全程控制理论。2002年1月28日，成立了欧洲食品安全管理局。目前，欧盟食品安全监管政策的制定主要依据《欧盟食品法》①。2014年颁布的关于向消费者提供食品信息的（EU）No. 1169/2011号法令，该法令融合了2000/13/EC以及90/496/EEC两个指令，对需要向消费者提供的食品相关信息做出了规定。目前其他相关农产品（食品）质量安全方面的法律还有《通用食品法》《食品卫生法》《添加剂、调料、包装和放射性食物的法规》等，另外还有一些由欧洲议会、欧盟理事会、欧委会单独或共同批准，在《官方公报》公告的一系列EC、EEC指令，例如，关于动物饲料安全法律的、关于动物卫生法律的、关于化学品安全法律的、关于食品添加剂与调味品法律的、关于与食品接触的物料法律的、关于转基因食品与饲料法律的、关于辐照食物法律的等。

10.2 国外食品安全可追溯信息监管体系

10.2.1 美国食品安全可追溯信息监管体系

10.2.1.1 食品安全（可追溯信息）相关监管法规

美国政府实施了自愿性食品安全追溯制度。美国政府在多年实践的基础上，制定了食品安全法律及产业标准，主要包括：《联邦食品、药品和化妆

---

① 欧盟有机农业认证和监控的法律要求［EB/OL］. http：//ylofcc. nwsuaf. edu. cn/bencandy. php? id=245，2006-04-29.

品法》《联邦肉检验法》《禽肉制品检验法》《蛋制品检验法》《食品质量保护法》以及《公共健康服务法》。2004 年，美国食品药品管理局又公布了《联邦安全和农业投资法案》。美国继《2009 年消费品安全改进法》后，又通过了几经修改的《2009 年食品安全加强法案》。

新修改的《食品安全加强法案》授予美国食品药品管理局（FDA）强制召回权，可以直接下令召回。2011 年，美国食品药品管理局建立食品召回官方信息发布的搜索引擎，提高信息披露的及时性和完整性。消费者能够获取 2009 年以来官方召回食品的详细信息。

2011 年 4 月，美国通过了《食品安全现代化法案》，其中强调的内容包括：第一，政府要加强监管食品生产设备；第二，食品和药物管理局在发现食品或药物安全事件时，可以执行强制召回的权力；第三，加强对进口食品的监管；第四，食品行业应该承担更多的食品安全方面的责任，尤其是食品生产企业；第五，在食品安全管理方面，应以预防为主。此次立法给予了美国食品药品管理局足够的资源和权利，使得美国食品药品管理局能在国家战略的高度上，从事食品安全管理。

2013 年美国食品科技学会（IFT）发布的"在食品供应系统中提升食品追溯实验项目"报告，对食药局的食品安全可追溯工作提出了多条改善建议。例如，要求食药局设立整套食品管理数据记录规定，以及通过风险分类定义的不允许豁免数据记录规定；美国食品药品管理局应该要求生产、加工、包装、运输、仓储或进口食品的公司对食药局定义的关键追溯与关键数据进行记录[1]。

10.2.1.2 食品安全（可追溯信息）监管机构

美国设立了三个重要的食品安全监管机构（见图 10 - 1）。一是美国农业部及其下属机构食品安全监督局和动植物健康监督局，主要监管肉类和家禽食品安全，执行肉类食品的安全法规。二是美国食品药品管理局，主要监管畜禽产品之外的食品安全。三是美国国家环境保护署，主要管理饮用水的安全、农药和添加剂的使用等方面。另外，国家海洋与大气管理局、财政部烟

---

① Product Tracing［EB/OL］. http：//www.fda.gov/Food/GuidanceRegulation/FSMA/ucm270851.htm，2014 - 10 - 06.

酒与火器管理局、人类健康部的疾病预防与控制中心等也参与美国食品安全的监管。

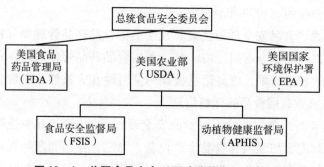

图 10 - 1　美国食品安全（可追溯信息）监管机构

10.2.1.3　食品可追溯信息监管范围

美国可追溯信息监管始于家畜追溯体系。2003 年，美国农业部着手建立家畜追溯体系，要求生产加工者和零售者做好家畜可追溯信息的记录，将家畜的出生、养殖、屠宰以及加工信息传递给消费者。此后，美国对牛、羊等家畜都要求带上耳标。

在水产品方面，美国的法规主要有《国家贝类卫生计划》《鱼贝类产品的原产国标签暂行法规》《海产品 HACCP 法规》。2003 年美国州际贝类卫生会议和 FDA 对《国家贝类卫生计划》进行了修改，成为美国水产品食品安全的重要法规之一。《鱼贝类产品的原产国标签暂行法规》中要求，所有在外包装箱或者零售包装上的商标需要包含原产地和生产信息；对在美国之外实施加工的进口产品，需要包括所有产品或材料的原产地信息。2012 年 12 月，美国农业部颁布了《动物疫病可追溯性的最终规则》，以建立改善美国牲畜移动的可追溯性。

为了更有效地监管食品可追溯信息，美国政府督促企业采用信息管理系统。2002 年《反生物恐怖法》中第 306 节跟踪与追溯条款中规定，企业应当在信息管理系统中记录货物进出记录、公司对食品工厂的注册信息，企业进口产品也必须先申请。

10.2.1.4　对供应链主体可追溯信息的监管措施

（1）不定期抽查检查制度。美国在进行食品安全可追溯信息监管时，也采用了不定期抽查检查制度，来确保可追溯信息与产品真实情况相符合。美国设立了联邦谷物检测系统、样本检测和监督系统、主管检测和评价系统、市场监控和早期预警系统等。2001 年生效的《食品安全现代化法》强调，加大美国食品药品管理局对食品厂的检查力度，每年对存在风险的厂房检查 1次，对于其他的厂房，至少每 4 年检查 1 次。例如，美国宾夕法尼亚州的尚德鸡场，每年都会有两次宾州农业部的检查人员来进行检查，确保鸡场及相关联食品符合食品安全的要求。除此之外，还要接受来自联邦、地区以及第三方监测机构多方不同的监管和检查。联邦监管机构在各州均设有派出机构，美国农业部下属食品安全检查署和美国食品药品管理局针对动物卫生、食品安全中关键、重要环节，会派出垂直管理机构和人员对企业直接开展现场监督和执法。州以下的质监部门也会重点对农场进行现场检查和检疫。

（2）来自民间协会或团体对可追溯信息的监管。美国的行业协会和企业建立了自愿性追溯体系，家畜开发标识小组由 70 多个协会和 100 余名畜牧兽医专业人员组成，共同制定家畜可追溯工作计划（尹玉伶，2011）。美国民间的消费者保护团体也参与到食品安全监管中，维护了消费者的基本权益。例如，肯德基连锁店所使用烹饪油脂肪含量过高，2006 年 6 月，一个公众组织"公众利益科学中心"对肯德基提出了申诉。在美国，食品安全信息通过网络发布非常普遍。其中"政府食品安全信息门户网站"是由联邦政府建立，用于食品安全信息的发布（方海，2006；杨远华，2009）。

（3）制定责任追究型法规。美国 2011 年 1 月颁布的《食品安全现代化法案》加大了对问题食品召回的力度，提高了政府部门对于违反可追溯信息披露要求，以及提供虚假信息或虚假产品的经营者的处罚力度，特别是对明知故犯者的惩罚。对犯罪者的指控将包括对生产者、上一级母公司和销售商的全面执法，无论哪一个环节导致食品、宠物食品和添加剂的污染、掺假和恶意误用，都将在惩罚之列。

10.2.2 欧盟食品安全可追溯信息监管体系

10.2.2.1 食品安全（可追溯信息）监管法规

欧盟最先应用食品安全追溯体系，食品安全追溯制度较为完善。2000年1月欧盟发表了《食品安全白皮书》，明确相关生产经营者的责任，要求对食品供应链进行全程管理。

在2000年12月到2002年11月期间，欧盟执行了水产品追溯（Trace Fish）计划。其主要目标是研究水产品的可追溯性，建立水产品追溯体系的标准，即鱼产品从养殖或捕捞直至消费者全程可追溯信息的管理标准，包括记录、传递和监管，在水产品追溯体系建设方面发挥着重要的作用（刘俊荣，2005）。

2002年1月，欧盟颁布了新的食品法，即欧洲议事会与理事会178/2002法规，要求食品生产企业必须对其所使用的原料、辅料及相关材料采取措施，确保可追溯性。牛肉标签法，则要求在销售环节要向购买者提供标识信息（陈红华，2007）。欧盟还要求，对出口到当地的部分食品具有可追溯性。欧盟新的食品法则要求，从2005年1月1日起，在欧盟范围内上市的肉类食品具有可追溯性。一方面，是为了消费者的健康考虑；另一方面，也是为了保护当地的食品产业。2004年，欧盟修订了食品卫生条例和动物源性食品特殊卫生条例，EC 852/2004号条例规定：饲养动物或生产以动物为原料的初级产品的食品业从业人员必须保留记录，并在需要时将这些记录包含的相关信息提供给权威机构和进货的其他食品业从业人员。EEC 89/396号指令规定：须对食品作标记以确定批次，即为保证产品的自由运输和消费者拥有充分信息，需要建立一个识别已生产包装食品所属批次的共同体系，通过批号编码来识别食品。2005年，欧盟制定了饲料卫生要求条例。相关条例的制定，进一步完善了欧盟的食品安全追溯制度。

《欧盟食品溯源实施细则》要求，食品经营者要记录每笔交易供应商和顾客的名字和地址，以及食品品质描述和交货日期，记录食品数量、批号等相关信息。食品溯源法规是一个法规系统，它包括很多食品法规，如牛肉标签法、鱼标签法、转基因标识法等。欧洲委员会下设食品动物局，定期检查各国的食品溯源法规执行情况，确保食品生产企业严格按照欧盟制定的食品安全标准生产，包括食品溯源制度。欧盟各成员国负责监督食品、饲料企业严格履行食品溯源法规，惩罚违法者。

2011 年 1 月 10 日颁布了 No. 16/2011/EU 号有关食品和饲料快速预警系统实施措施的法规。2013 年 3 月颁布的（EU）No. 208/2013 号法令，其中对新芽及其种子的可追溯性做出了规定。欧盟食品安全法规经过多年的建设，主要包括，欧盟食品法，欧盟食品安全与动植物健康监管条例，以及动物源性食品生产、加工、流通等动物健康条例等，从法律上保障了食品安全[①]。

10.2.2.2 可追溯信息监管机构

为了提高欧盟食品安全可追溯信息监管，加强对食品供应链的控制，欧盟建立了欧洲范围内的食品安全监管机构，即欧盟食品安全管理局和食品与兽医办公室。

2002 年初，正式成立了欧盟食品安全管理局，该局对食品供应链进行全程监控，对欧盟范围内的所有与食品安全相关的事务进行统一管理。欧盟食品安全管理局是单独设立的机构，不隶属于欧盟的任何其他机构。

在食品可追溯信息监管中，欧盟食品安全管理局负责对食品供应链中可追溯信息的监控，包括可追溯信息的收集、分析、检验和发布等，从而监控可追溯信息系统，保证追溯体系的有效运行。欧盟的可追溯信息监管形成了政府、企业、科研机构、消费者共同参与的监管模式。欧盟食品安全管理局设置有科学委员会和八个专门科学小组（尹红，2002）。

食品与兽医办公室具体的监管工作主要包括，食品安全、动物疾病和动物福利等方面。[②] 食品与兽医办公室的职责是，通过一系列的审计、检查活动，检查食品、动植物安全和福利；制定有关法规政策；发展和实施食品控制系统。

欧盟食品链及动物健康常设委员会（Standing Committee on the Food Chain and Anima Health，SCFCAH），欧盟食品链及动物健康常设委员会负责为欧盟

---

① 欧盟新食品法特点浅析［J］. 肉品卫生，2005（6）：10 – 13（期刊摘录，无作者）。

② FVO. Food & Veterinary Office Programmer of Inspections 2003（July_December）.

委员会制定食品链各个阶段的食品安全措施。SCFCAH 是一个规制性的机构，欧盟委员会在进行食品安全相关立法时会向 SCFCAH 咨询相关建议，如果占绝大部分成员国赞成食品链及动物健康常设委员会所提出的建议，欧盟委员会则将根据其建议实施相应的措施。SCFCAH 覆盖整个食品链，从农场的动物健康到消费者餐桌。SCFCAH 的工作集合了以前的食品原料委员会、植物卫生委员会、动物营养委员会和兽药委员会的工作，其工作内容主要涉及八个方面：欧盟通用食品法、食品链生物安全、食品链毒理安全、食品进口要求和控制、动物营养、转基因食品饲料和环境风险、动物健康和动物福利、植物卫生[①]。

10.2.2.3　可追溯信息监管内容

水产品追溯计划（*Trace Fish*）对所需记录的信息制定了具体标准，包括按照可追溯产品所需要的基本信息和与食品质量与安全、食品标签等法规要求相关的信息。其中，供应链利益主体的基本可追溯信息，包括原料数量、性质和原料供货商信息等（刘俊荣，2003）。根据欧盟食品法的相关条例，食品供应链中的各环节都应该提供这些基本信息，若出现食品安全问题，将为政府部门行使召回权提供法律依据。

欧盟要求经营者必须记录每一笔交易方的名字和地址，同时也要记录产品的有关性质和日期，对于产品的体积、数量以及更多的食品信息记录，采取鼓励的态度。除了一般要求外，具体的法规规定了关于特殊产品的信息。因此，消费者可以辨别产品的源头和真实性。对于转基因食品，也出台了相关的追溯条例，保证转基因产品信息的可追溯，并且有精确的标签，便于人们做出知情的选择。对于动物，每个生产商必须用标签标记每一个动物，包括来源的细节信息。当宰杀牲畜时，标签中的追溯码中必须含有屠宰场的信息。标签的形式可以是耳标、身份证识别或者是条形码等多种形式，但其所包含的信息必须相同。[②] 英国建设了基于互联网的牲畜跟踪系统（CTS），实

---

① https：//www. allacronyms. com/SCFCAH/Standing _ Committee _ on _ Food _ Chain _ and _ Animal _ Health.

② Food Traceability［EB/OL］. http：//ec. europa. eu/food/food/foodlaw/traceability/factsheet _ trace _ 2007 _en. pdf. 2007 - 6.

现了牲畜整个生命周期的情况记录。在德国，所有进入市场的农产品企业都要在政府搭建的信息平台上登记备案，连同他们生产、销售的农产品信息汇集起来，形成一个集中的数据库，本国和欧盟其他各国都可登录该数据库查询产品和企业信息，监管效率更高。

10.2.2.4 对供应链主体可追溯信息的监管措施

（1）明确角色和职责。欧盟可追溯信息的监管措施，首先是以法律的形式明确了各主体关于提供可追溯信息的责任。从一个产品的初级生产到出售给消费者，其间通常包含多个环节。在食品可追溯信息监管的每一个环节，赋予食品和饲料的经营者、成员国主管当局和欧盟明确的角色和职责，并且当风险出现时，他们都能做出恰当的回应。

在食品和饲料流通的过程中，食品和饲料经营者需要记录可追溯信息，并承担将可追溯信息告知主管当局的职责。成员国主管当局则负责监管经营者如何使用溯源系统，负责对违法者实施惩罚，保证可追溯信息顺利的传递。欧盟的食品与兽医办公室则实行日常监督，每年实行实地检查，从经营者处获得可追溯信息，确保追溯体制的运行。

（2）快速预警系统的使用。2002 年颁布的《通用食品法》提出了快速预警系统。该系统在发现风险和危害时，可以使可追溯信息快速的交换，来协助溯源系统。如果网络中的成员发现对人类健康的潜在威胁时，就会通知欧盟，欧盟将信息快速传送给其他成员国以便采取措施。快速预警系统是广泛的信息发布、沟通、交流和预警平台，形成了一个包含可追溯信息的庞大的数据库，促进了欧盟及各成员国之间的信息交流和共享，有利于可追溯信息的获取和管理（尹红，2002）。

（3）可追溯信息向公众开放，增强了信息的透明度。欧盟为了增强食品安全可追溯信息的透明度，在各种溯源系统中设置了消费者查询功能，并公布由食品安全管理局实施的人类与动物健康安全风险和环境风险评估结果，公众可以参加管理委员会举行的会议，使公众可以广泛获取该局掌握的文件和信息。欧盟处理各种食品安全事件的过程和结果，也对公众保持透明。通过增强信息的透明度，加强公众的监督，使得可追溯信息的监管又多了一道保障（蔡春林，2007）。

（4）严厉的惩罚制度。欧盟 178/2002 法规不仅规定供应链上的每一个主体为自己的产品承担责任，对食品实行强制性的可追溯信息记录；还规定了对违法者严厉的惩罚措施。对犯罪者的指控将包括对生产者、上一级供应商和销售者的全面执法。制造或者提供虚假信息的组织，将受到行政或刑事处罚。严厉的惩罚制度会在一定程度上加强经营者对可追溯信息的重视，从而使得可追溯信息记录和整理更加完善。

10.3　国外食品安全认证和可追溯信息监管体系的经验借鉴

（1）建立一个专门的认证管理机构，协调不同认证主管部门的监管工作。英国"小红拖拉机"认证制度有效解决了繁杂的认证标准管理问题。中国食品安全认证主要包括无公害认证、绿色认证和有机认证，各个认证的管理部门和监督制度都有所不同。这不仅影响生产者对认证的选择，也会影响消费者对认证食品的认知和选择。因此，需要一个专门的认证管理机构来协调不同认证主管部门的监管工作。这不仅能够促进消费者对中国食品安全认证的认知和认可，也会提高中国食品安全认证的监管效率。

（2）建立食品安全责任人制度。明确食品企业、食品认证机构以及食品认证当事责任人，使得食品安全管理当事人感觉到自身行为对自己利益的影响，从而更加自觉地进行食品安全管理，在食品安全管理过程中做出更具公正性的决定。另外，当出现食品安全问题时，将会避免部门或个人之间推诿责任，能够有效处理食品安全以及认证监管方面的问题。建立认证监管的税收激励制度。虽然认证制度中规定了对企业和认证机构的惩罚标准，但是，这些惩罚规定缺乏灵活性和激励性。对食品安全信誉高的企业和认证机构进行税收的减免，会在一定程度上激励食品企业和认证机构进行严格地食品安全管理。这也增强了政府对食品安全利益主体的管制力。

（3）重视食品安全大众教育。认证的主要作用在于安全信号的传递，减弱食品安全信息的不对称。在认证食品生产者投入大量成本来满足认证要求时，如果消费者不能认可食品认证的重要性时，认证食品的市场价值难以实现，这使得认证食品生产者的生产积极性下降。同时，消费者的食品安全意识弱，其对伪劣食品的举报的自发性减弱，纵容了伪劣食品生产、加工者，消费者自身对认证食品的监管力度减弱。因此，重视食品安全大众教育，提高居民食品安全意识显得十分重要。

（4）可追溯信息监管机构权责明确。总的来看，以上各国或地区的食品安全可追溯信息监管机构在组织构成上主要有两种模式：一是专门成立独立的食品安全监管机构的模式，例如，欧盟成立了食品药品管理局和食品与兽医办公室；二是多个部门共同负责食品安全的监管，实行分段监管和分类监管，例如，美国农业部负责肉类和家禽食品的监管，国家环境保护署负责水和农药等添加剂的监管，其余则由卫生部负责。因此，美国更加注重机构之间信息的传递和沟通，部门之间的协调和配合，强调团队的合作性。

（5）不断修正和完善食品安全法律法规。在全球不断爆发食品安全危机的背景下，各国为了减少对消费者的危害，及时召回产品，查出问题环节和责任人等，从 2000 年起，积极建立溯源监管体系。一种新体制的建成需要国家法律的强制力做保障。欧盟和美国都在结合溯源系统实施过程中的经验和教训，不断修正各国相关法律。

（6）信息交流充分、信息透明化。以上发达国家大都建立了可供可追溯信息查询与交流的平台，欧盟建立了各成员国共同交流检验预报信息的快速预警平台，美国也将相关的可追溯信息和抽查检查结果放在网站平台上，供消费者和利益相关者监督和使用；同时，还设立了消费者投诉热线。

10.4 本章小结

国外食品安全认证、追溯体系发展较为成熟，形成较为完善的监管体系。由于每个国家的实际情况有所不同，各个国家采取的措施也有所区别。在借鉴国外食品安全认证和追溯体系监管经验时，要紧密结合我国食品安全认证、追溯体系的发展阶段、现实问题，从而，为我国食品安全认证、追溯体系的发展，提出更适当的建议。

第11章　食品安全认证与追溯
耦合监管机制构建

食品安全认证和追溯体系作为食品安全管理的重要政策工具，两个体系均有各自的特征，在食品安全管理工作中存在各自的优劣势。从食品安全认证体系和食品安全追溯体系的有效运行及食品安全管理工作进一步有效提升角度出发，食品安全认证与追溯监管具有必要性；而从两个体系在食品安全管理中的功能、所涉及主体和客体、目标等方面的高度一致性及两个体系的发展实践角度来看，食品安全认证与追溯监管具有可行性。探索食品安全认证与追溯耦合监管，需要从监管环境出发，明确管理体制和制度保障，并分析利益主体行为及其博弈制衡关系，在此基础上构建耦合监管机制。

11.1　食品安全认证与追溯耦合监管环境

监管环境主要包括管理体制和制度保障两个方面。根据第 3 章和第 4 章对食品安全认证体系和食品安全追溯体系的管理体制及制度保障的分析，我国食品安全认证体系已经形成了层次分明的管理体制，相对完整的法律法规框架及技术标准体系也提供了较为完善的制度保障，但在实际监管中依然存在监管力度不足问题，尤其在认证食品追踪管理及认证机构监督方面需要完善和改进；另外，我国食品安全追溯体系处在建设阶段，针对食品安全追溯体系没有设立专门的监管部门或机构，而是进行常规性食品安全管理，在制度保障方面，相应的法律法规及技术标准均未形成完整的体系，然而食品安全追溯体系能够实现食品供应链的全程监管，将事前控制与事后管理相结合，这种食品安全管理方式是对现行食品安全管理体系的重要补充和升级。

食品安全认证与追溯耦合监管环境特征由食品安全认证体系和食品安全追溯体系的监管环境共同决定，在耦合监管背景下，两个体系的监管环境需要相互交叉和渗透，形成一个相互协调、相互支撑的监管环境，从而为食品安全认证与追溯耦合监管提供体制支撑和制度保障。

监管环境的交叉和渗透，需要从管理体制和制度保障两个层面推进。在管理体制层面，以层次分明的食品安全认证体系管理体制为主，以食品安全追溯体系的常规性食品安全管理体制为辅，即在耦合监管背景下，食品安全认证管理部门及机构同时对安全认证可追溯食品的安全认证工作及可追溯性建设进行管理，对食品安全追溯体系进行常规性监管的相关部门及机构在各自的职责范围内提供支持和配合，由此，在耦合监管中，要赋予认证机构对食品安全追溯体系实施监管的权利。在制度保障层面，在食品安全认证体系较为完善的制度保障基础上，补充和融合安全认证食品可追溯性的制度，首先，通过立法要求安全认证食品实现可追溯，要求安全认证食品实现全程追踪管理，为食品安全认证与追溯耦合监管奠定法律基础；其次，在食品安全认证标准中增加食品安全可追溯信息标准，在执行食品安全认证标准时同时执行食品安全可追溯信息标准，以食品安全认证体系规范食品可追溯信息，促进耦合监管的规范化和标准化。

11.2 食品安全认证与追溯耦合监管背景下主体相互作用

食品安全认证与追溯耦合监管所涉及的主体主要包括生产农户、企业、认证机构、监管者（监管部门、消费者）。其中，农户既是安全认证食品标准的实际执行者，也是食品安全追溯信息的重要传递者；加工企业是安全认证食品标准实施的管控者，同时又是食品安全追溯体系的主要实施者和食品安全追溯信息传递者；认证机构是安全认证食品的认证者，是安全认证食品标准（在耦合监管背景下，包含食品安全追溯信息标准）实施及安全认证食品安全质量的监督者；监管部门是对其他主体的行为进行监督、管理、协调的主体；消费者既是安全认证可追溯食品的购买者、食品安全认证信息和追溯信息的接收者，又是食品安全的监督者。

根据利益主体行为及博弈制衡关系的分析，在耦合监管背景下，安全认证可追溯食品的生产中，各主体面临不同行为选择，并通过各主体相互作用，相互影响（约束或激励）行为选择。农户的行为选择为是否真正生产安全认证可追溯食品（既符合安全认证标准，又能够实现可追溯的食品），该行为主要受企业对农户管控行为的影响，企业可以通过与农户签订订单、契约等方式对农户形成有力的激励或约束。企业的行为选择主要包括三个：第一，是否对农户行为进行管控，该行为主要受认证机构能否准确披露产品及企业管控行为信息的影响，认证机构能够准确披露信息时，企业更有动力和压力对农户行为进行管控；第二，是否生产高安全食品，该行为选择除受生产高安全食品成本高低、经营利润的影响之外，主要受认证机构检查监督行为及消费者行为的影响，认证机构加大检查监督力度对企业形成有效约束，能够促进企业生产高安全食品，而消费者越是偏好安全认证食品，企业越有积极性自觉生产高安全食品；第三，是否生产可追溯食品，在耦合监管背景下，该行为主要受认证机构的监管行为及消费者行为影响，当认证机构对企业的可追溯信息传递行为进行严格监管时，企业有压力去生产可追溯食品，而消费者越是偏好可追溯食品，企业就越有动力自觉生产可追溯食品。认证机构的主要行为选择为是否对企业进行有效监管，该行为主要受监管者（监管部门、消费者）行为的影响，当监管者能够增加认证机构被追责的风险损失时，能够规范认证机构行为，促使认证机构对企业进行有效监管。监管者（监管部门、消费者）在主体相互作用中主要通过其行为对其他主体（农户、企业、认证机构）形成约束或激励，监管部门通过发挥管理体制和制度的作用，对其他主体行为进行监管和规范，而消费者通过购买行为和溯源追责行为，能够拉动认证机构和企业积极主动推进食品安全认证和食品安全可追溯。

11.3　食品安全认证与追溯耦合监管机制构建

食品安全认证与追溯耦合监管机制的建立，应以体制和制度为基础，充分重视各个主体的存在及影响，将各个主体联系起来，协调各主体间的关系，从而更好地发挥耦合监管的作用。食品安全认证与追溯耦合监管，是在食品安全管理中同时运行两个体系，通过构建并完善管理体制和制度保障，协调和运用各主体间的相互作用，促使两个体系紧密配合、相互支撑，形成耦合监管的动力机制和约束机制，从而驱动并控制耦合监管机制的长久有效运行，这是耦合监管机制的基本运行机理（如图 11 - 1 所示）。

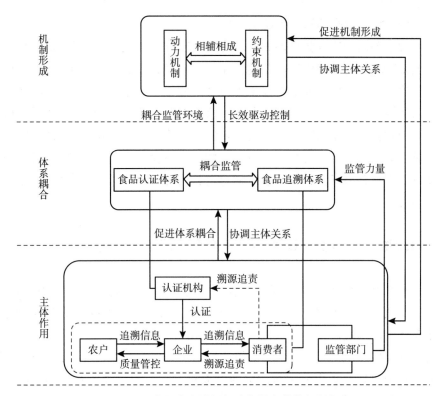

图 11 – 1　食品安全认证与追溯耦合监管机制框架

11.3.1　食品安全认证与追溯耦合监管的动力机制

食品安全认证与追溯耦合监管的动力形成，一方面依靠体系中的消费者形成市场动力，另一方面依靠政府部门的投入和推动。在市场动力方面，依靠消费者对安全认证可追溯食品形成明显偏好，有较高的支付意愿并将支付意愿转化为购买行为，最终形成安全认证可追溯食品的市场需求，从而拉动安全认证可追溯食品的市场供给，使得安全认证可追溯食品的生产者（企业、农户）和认证者（认证机构）在生产和认证中能够获得相应的利益回报，有足够的动力积极推进食品安全认证和食品安全可追溯，进而推进食品安全认证与追溯耦合监管。目前，安全认证食品形成的安全品牌效应已经形成一定的市场动力，在耦合监管背景下，应进一步提升安全认证可追溯食品的市场价值，为耦合监管提供动力。

在政府部门的投入和推动方面，首先，政府部门有投入和推动的必要性，食品安全问题是现阶段中国面临的突出民生问题，食品安全认证与追溯耦合监管是进一步推进食品安全管理工作的必然要求，从这个角度上来说，政府的投入和推动有较大的必要性；其次，政府部门的投入已经形成一定的推动力，政府在食品安全认证体系和食品追溯体系建设和运行中的投入已经成为促进耦合监管的一部分动力；最后，在耦合监管背景下，政府部门的投入和推动应以促进食品安全认证与追溯耦合监管为导向，积极为耦合监管创造基础和条件。

11.3.2　食品安全认证与追溯耦合监管的约束机制

正如第 10 章中的实验结果所揭示，当认证机构面临激烈竞争，面对利益诱惑，而监管机制不健全、监管力度不足时，认证机构难以规范自身行为，而企业在追求利益最大化的过程中，也会出现违规生产、寻求共谋等行为，因此，食品安全认证与追溯耦合监管中除了驱动耦合监管机制运行的动力机制外，还需要规范和约束主体行为的约束机制，控制耦合监管机制的运行，提升耦合监管机制的有效性。

根据第 10 章的实验结果，食品追溯体系的介入是约束认证机构（或认证人员）行为、改善监管环境的有效手段，能够促使认证食品行业形成企业按照标准生产、认证机构有效监管、安全认证食品真正安全的良性循环，因此，在耦合监管中，需要充分发挥食品追溯体系的溯源追责功能，将认证责任人信息纳入追溯信息范围，通过溯源追责形成对认证机构及企业行为的有效约束，从而保证耦合监管机制的有效性。食品追溯体系溯源追责功能的发挥一方面依靠消费者的溯源追责行为，另一方面依靠监管部门在处理食品安全事件中切实做到依法追究相关责任人的责任。

11.4　本 章 小 结

（1）在耦合监管背景下，两个体系的监管环境需要相互交叉和渗透。监管环境的交叉和渗透，需要从管理体制和制度保障两个层面推进。在管理体制层面，以层次分明的食品安全认证体系管理体制为主，以食品安全追溯体系的常规性食品安全管理体制为辅，赋予认证机构对食品安全追溯体系实施监管的权利。在制度保障层面，在食品安全认证体系较为完善的制度保障基础上，补充和融合保障安全认证食品可追溯性的制度。

（2）耦合监管机制的形成并有效运行，体制和制度是基础，各主体间的相互作用是关键。食品安全认证与追溯耦合监管机制的建立，应以体制和制度为基础，充分重视各个主体的存在及影响，将各个主体联系起来，协调各主体间的关系，从而更好地发挥耦合监管的作用。食品安全认证与追溯耦合监管，是在食品安全管理中同时运行两个体系，通过构建并完善管理体制和制度保障，协调和运用各主体间的相互作用，促使两个体系紧密配合、相互支撑，形成耦合监管的动力机制和约束机制，从而驱动并控制耦合监管机制的长久有效运行，这是耦合监管机制的基本运行机理。

第12章　研究结论与政策建议

本书对食品安全认证与追溯耦合监管的主体行为进行了较为深入的研究，研究的最终目的在于揭示耦合监管背景下各主体间的相互作用，并结合对耦合监管体制及制度的分析，探求食品安全认证与追溯耦合监管机制的运行机理，从而提出促进耦合监管、加强食品安全管理的有效对策。因此，本章在前文分析的基础上，总结全书，得出主要研究结论，并根据研究结论提出相应的对策建议。

12.1　主要研究结论

12.1.1　认证与追溯耦合监管有效性与利益主体行为密切相关

食品质量安全认证与追溯耦合涉及多个利益主体，不同利益主体的行为直接影响认证与追溯耦合监管的有效性。影响不同利益主体对认证与追溯耦合监管属性食品的生产经营的主要因素将是认证与追溯耦合监管的重点所在。本书分析了农户传递可追溯信息和利用认证标准规范可追溯信息意愿的主要影响因素，食品生产企业参与认证与追溯耦合监管体系的主要影响因素，销售者（超市）对认证与追溯体系耦合属性食品经营意愿的主要影响因素，消费者对耦合属性食品购买意愿的主要影响因素和耦合监管下的利益主体博弈行为，等等，有利于找到食品安全认证与追溯耦合监管机制的重要环节。因此，将食品安全认证与追溯耦合下不同利益主体行为作为切入点进行研究，以构建有效的认证与追溯耦合监管机制，实现食品安全认证、追溯体系的交互监管，整合监管资源，提高监管效率，突破了传统的各自独立的食品安全认证和追溯体系监管模式，本身是很有意义的。

在利益主体行为的实证分析方面，本书力求规范，这种努力不仅体现在各个主体行为的计量经济学模型分析和博弈模型分析方面，也体现在设计经济学实验模拟和检验博弈行为方面。尽管在设计和实施经济学实验时面临较大的困难和挑战，但坚持引入实验对照组，尽力避免其他非重要因素的影响，因此，研究方法上具有规范性和创新性。

12.1.2 耦合监管背景下各利益主体行为的主要影响因素是关键点

在农户行为方面，专业机构可追溯信息监管有效性、下游主体监管和可追溯信息的作用、是否签订订单等变量影响到农户可追溯信息的传递行为，认证标准的需要程度、可追溯信息反映生产情况等变量影响到农户利用认证标准规范可追溯信息的积极性。在企业行为方面，预期收益、成本、政府政策等因素影响到企业参与食品安全认证与追溯耦合监管体系。在超市行为方面，认证与追溯耦合属性食品经营利润、认证与追溯体系认知度、供货商信用注重度等变量影响到超市对认证与追溯耦合属性食品的经营积极性。在消费者行为方面，耦合监管有效度、责任人重要性、绿色消费文化认可度等变量影响到消费者对认证与追溯耦合属性食品的购买积极性。

12.1.3 在耦合监管背景下主体间的博弈行为中，认证机构与企业间的相互作用是核心

认证机构根据企业的生产行为选择监督或违规概率，增加认证机构被追责的风险损失是规范认证机构行为、促进企业生产高安全食品的有效手段。当食品可追溯时，认证机构需要承担被追责的风险，认证机构被追责的风险损失越大，认证机构越不愿意造成这样的损失，就会加大检查监督的力度，由此促进企业生产高安全食品，此外，增加认证机构被追责的风险损失，实际上也增加了认证机构违规时所要承担的总损失，此时认证机构越不愿意违规而承担损失，这样其违规的概率就越小，企业寻求共谋的概率也就越小。另外，认证机构的介入并准确披露产品及企业管控行为信息，是企业积极有效管控农户生产行为的关键。当认证机构能够准确披露信息时，不但能够杜绝企业隐瞒信息，通过以次充好或者发布虚假管控信息从而获得较高收益，而且能够使有效管控农户行为的企业获得良好声誉收益，此时，如果农户提供"不合格"产品，而企业没有对农户行为进行管控，认证机构的准确披露将给企业造成损失，从而迫使企业对农户行为进行管控。

12.1.4 消费者是形成食品安全认证与追溯耦合监管动力机制的重要主体

消费者承担着促使认证机构和企业积极主动推进食品安全认证和食品可追溯"拉动力"角色。在各主体博弈中，消费者都是认证机构和企业收益的重要影响因素，消费者行为影响认证机构和企业的收益，进而影响认证机构和企业在博弈中的行为。在食品安全认证和追溯体系的运行中，消费者越是偏好安全认证可追溯食品，对其有较高的支付意愿并将支付意愿转化为购买行为，最终能够形成安全认证可追溯食品的市场需求，从而拉动安全认证可追溯食品的市场供给，认证机构和企业从食品安全认证和食品可追溯中获得越多收益，认证机构和企业越愿意积极主动进行食品安全认证和推进食品可追溯。

12.1.5 溯源追责功能是形成食品安全认证与追溯耦合监管约束机制的重要力量

当认证机构面临激烈竞争，面对利益诱惑，而监管机制又不健全、监管力度不足时，认证机构都难以规范自身行为。在食品安全追溯体系介入安全认证食品监管的情况下，可追溯信息对认证责任人信息的记录是形成认证机构（或认证人员）与企业责任连带关系的关键，这样的责任连带关系能够有效地约束认证机构（或认证人员）的行为，督促认证机构（或认证人员）对获证企业的生产行为进行跟踪检查，及时纠正获证企业的违规生产行为，这也正是安全认证与追溯体系耦合监管的真正意义所在。不能对认证机构追责的监管环境下，监管环境较松懈，容易陷入企业违规生产、认证机构无效监管、企业与认证机构共谋的恶性循环，进而导致安全认证食品行业爆发信任危机。而在能够对认证机构追责的监管环境下，认证机构与认证企业承担连带责任，认证机构为保全自身，对企业进行有效监管，监管环境有所改善，此时，企业的寻求共谋行为失效，甚至因认证机构的有效监管而遭受巨大损失，进而约束企业的寻求共谋行为，企业放弃违规生产行为，整个认证食品行业得到净化。因此，食品安全追溯体系的介入能够加强安全认证食品行业监管，改善监管环境，促使认证食品行业形成企业按照标准生产、认证机构有效监管、安全认证食品真正安全的良性循环。

12.1.6 耦合监管机制的形成并有效运行，体制和制度是基础，主体间相互作用是关键

食品安全认证与追溯耦合监管机制的建立，应以体制和制度为基础，充分重视各个主体的存在及影响，将各个主体联系起来，协调各主体间的关系，从而更好地发挥耦合监管的作用。食品安全认证与追溯耦合监管，是在食品安全管理中同时运行两个体系，通过构建并完善管理体制和制度保障，协调和运用各主体间的相互作用，促使两个体系紧密配合、相互支撑，形成耦合监管的动力机制和约束机制，从而驱动并控制耦合监管机制的长久有效运行，这是耦合监管机制的基本运行机理。食品安全认证与追溯耦合监管的动力形成依靠消费者及政府部门的投入和推动，约束机制的形成需要充分发挥食品安全追溯体系的溯源追责功能。

12.2 政 策 建 议

12.2.1 整合监管资源，赋予认证机构监管食品安全追溯体系的权利

认证机构对食品的安全认证涉及食品的生产环境、生产过程、产品质量、包装及贮运等方面，能够充分掌握各环节的食品信息，因此，可以赋予认证机构对食品安全追溯体系实施监管的权利，由认证机构对食品安全追溯体系运行进行监督和检查，保证食品安全追溯体系的有效性。这样，认证机构作为连接食品安全认证体系和追溯体系的桥梁，有效地将二者的优势发挥出来，实现了食品安全认证体系和追溯体系的耦合。实际上，在耦合监管背景下，

认证机构对食品安全追溯体系实施监管不仅是权利，更是义务，认证机构需要定期对追溯基础设施进行检查、协调和规范追溯信息的传递、检查追溯信息的规范性和有效性等，同时有权对违规的主体进行惩罚。而对于认证机构，应采取多激励、适当惩罚的政策，赋予认证机构充分的监管权力，只有当认证机构有充分的权利做出足够大的惩罚决定时，认证机构才会有足够的动力去监管企业的行为，而且，当认证机构对企业采取的惩罚措施具有较大的威慑力时，企业就宁愿付出成本去保证食品的可追溯性。

12.2.2　确保认证机构的独立性

食品安全追溯体系建设的目的是跟踪食品流向和追溯问题食品来源，这要求包括认证信息在内的追溯信息是准确的。认证机构是提供食品认证信息的主体，但我国食品安全认证机构有时会受到相关部门的影响，造成认证效率低下、认证效果不理想的局面。保证认证机构的独立性，确保认证信息的准确性，才能提高认证效率和质量。政府应对有机认证、无公害农产品认证和绿色食品认证机构的认证范围和权力做出明确界定，建立和完善认证认可制度，在实施认证过程中要求能够独立承担民事责任。

12.2.3　建立统一监管部门，提高政府监管效率和质量

食品质量安全监管包括认证和追溯食品的鉴定、食品的检测以及不定期抽查监督等，任务量大，单个部门很难完成。目前，我国的食品链实行分段管理。农业部管理源头，质监部门管理加工环节，商业部管理流通环节，各部门各司其职。但这也造成了多个食品质量安全管理部门分工不明确，部门之间权力交叉、互相推脱责任等现象的发生，降低了管理效率和质量。另外，行业协会、认证机构等组织对食品安全认证和追溯的监管功能得不到充分发挥。因此，实现食品安全认证体系和追溯体系的耦合，需要整合监管资源，改变多头监管，设立一个部门进行全国统一综合性监管。同时，要发挥企业内部追溯监管功能，提高自身食品质量保证能力；在监管过程中要整合认证机构、行业协会等组织的监管优势，提高监管效率。

12.2.4　加强制度保障，通过立法要求安全认证食品实现可追溯

食品安全问题是现阶段我国的突出民生问题，切实做好食品安全管理工作，保障食品安全，不仅是当前的迫切需要，也是惠及民生的长远之计。政府近年来不断加大在食品安全追溯体系建设方面的投入力度，促进食品安全认证与追溯耦合监管。食品安全认证与追溯耦合监管的实现，制度保障是基础，通过立法要求安全认证食品实现全程追踪管理，是有效推进安全认证与追溯耦合监管的基本措施。目前，国家认证认可监督委员会对于有机食品的可追溯性已经提出了要求，但并没有上升到法律层面，并且也没有对无公害农产品和绿色食品提出要求，导致溯源信息传递过程中出现信息错误、标准空白等质量问题。因此，健全食品安全溯源信息质量方面的法律法规，对食品供应链各环节所有利益主体的信息以及利益主体间经济行为、主管部门信息、问责制度等都要以法律形式明确下来，真正做到食品安全认证和追溯有法可依。

12.2.5　推进标准建设，在食品安全认证标准中增加食品可追溯信息标准

在耦合监管背景下，要高度重视标准建设，不断完善食品安全认证标准。同时，要在食品安全认证标准中增加食品可追溯信息标准，在执行食品安全认证标准时同时执行食品可追溯信息标准，以食品安全认证体系规范食品可追溯信息。目前，追溯信息的传递尚缺乏相应的标准规范，因此，在食品安全认证与追溯耦合监管中，需要根据食品安全认证的要求，从产地环境信息、生产过程信息、产品质量信息、储运流通信息、安全认证信息等各环节信息着手，分析信息关键节点、信息记录范围等追溯信息特征，对追溯信息做出明确具体的要求并制定相应的标准，保证追溯信息规范有效并能与安全认证标准高度契合。

12.2.6　增强市场动力，进一步提升安全认证可追溯食品市场价值

消费者对安全认证可追溯食品的偏好及购买是市场动力的源泉，要提升安全认证可追溯食品的市场价值，需要提升消费者对安全认证可追溯食品的关注意识、良好认知及信任度，重视市场沟通和公共关系，塑造安全认证可追溯食品的安全品牌形象。消费者的关注及认知是其形成偏好和购买意愿的重要影响因素，而消费者的信任是食品安全信号有效传递的标志，只有安全认证可追溯食品赢得消费者较高的关注度、较好的认知及较高的信任度，消费者才会对其形成偏好并做出购买选择。提升消费者对安全认证可追溯食品的关注意识、良好认知及信任度，一方面，要依靠媒体的宣传作用，提升消费者对安全认证可追溯食品的关注度和认知度；另一方面，也是更重要的，要依靠食品安全认证与追溯耦合监管体系及设施的不断完善，能够为消费者提供便捷的食品信息查询或溯源渠道、便利可靠的购买渠道、方便快捷的信息反馈渠道等，真正做到改善监管环境，为消费者提供真正安全的安全认证可追溯食品。

12.2.7　保证政府投入，积极为食品安全认证与耦合监管创造基础和条件

目前，政府在食品安全认证制度推动及食品安全追溯体系建设中都已经有大量的投入，在耦合监管背景下，政府投入和推动应以促进食品安全认证与追溯耦合监管为导向，积极为耦合监管创造基础和条件。在进一步的追溯体系建设推动中，优先考虑安全认证食品生产主体的食品安全追溯体系建设，优先推动安全认证食品实现可追溯，优先构建安全认证食品的可追溯平台，提供必要的基础设施补贴及技术支持；强化对县级及其以下认证机构人员的培训，提升认证机构人员素质，构建其工作的激励机制，对于认证机构承担的食品安全追溯体系监管职责给予必要的支持，提高认证机构对食品安全追溯体系实施监管的积极性。

12.2.8 发挥追责功能，将认证责任人信息纳入追溯信息范围

食品安全认证与追溯耦合监管的一个重要方面就是追溯信息记录认证责任人，形成认证机构（或认证人员）与认证食品生产者的责任连带关系，在安全认证食品出现食品安全问题时，追究认证机构（或认证人员）的责任，从而对认证机构（或认证人员）的行为形成约束。溯源追责功能的发挥，首先，要保证食品安全追溯体系运行的有效性，不断提高可追溯信息的有效度，这也正是耦合监管的目标之一；其次，溯源追责的发挥要依靠消费者的溯源追责行为，要不断提高消费者的溯源追责意识，为消费者溯源追责提供便利，例如，可追溯信息的查询、反馈平台的构建，以及追责"绿色通道"支持等；最后，监管部门在处理食品安全事件中要切实做到依法追究相关责任人的责任，促使认证机构切实履行职责，加强审核和跟踪检查，对生产者形成严格的专业性监督。

12.2.9 培育食品安全社会偏好，提高供应链主体参与认证与追溯体系的积极性

保证食品安全，不仅需要提高对食品供应链主体外在监管的有效性，更要增强供应链主体的食品安全社会偏好。在我国食品安全监管机制尚不成熟的情况下，提高供应链主体食品安全社会偏好，实现供应链主体主动参与食品安全认证与追溯体系建设具有重要现实意义。政府应拓宽食品生产经营者（农户、加工企业、超市等）了解食品安全认证与追溯体系相关知识的渠道，加大对其学习相关知识的培训力度；建立健全责任人制度，规避道德风险行为，使之自觉维护食品安全；建立健全税收激励制度，对信誉高的食品生产经营者进行税收减免，激励其更自觉参与食品安全管理；加大对食品安全认证与追溯耦合属性食品的宣传投入，提高消费者对认证追溯食品的认识程度和信任度。

12.2.10 重视政府与市场在食品安全认证与追溯耦合监管中的作用

食品安全管理具有公共物品的特征，政府在食品安全管理过程中扮演重要作用。然而，食品安全管理也需要发挥市场的作用，安全食品是否得到市场的认可，食品企业是重要的受益主体，应重视企业在食品安全认证、追溯体系发展中的建设性作用。我国食品安全认证，主要包括无公害农产品认证、绿色食品认证和有机食品认证，其认证标准具有较明显的层次性，满足了不同消费者的需求，这与目前我国食品安全供给侧结构性改革思路较为一致。此外，无公害农产品、绿色食品认证是以政府主导的自上而下的认证体制，有机食品认证则为第三方的认证体制。无公害农产品认证主要满足大众对安全食品基本需求，绿色食品认证主要满足消费者对安全食品的中层次需求。有机食品认证对产地、技术等方面要求十分严格，有机食品价格比无公害农产品、绿色食品高出很多，有机食品生产经营好的企业能够获得较大的收益，市场驱动力较强。因此，在食品安全认证与追溯体系耦合监管建设方面，政府应对各层次的食品安全认证都要加强监管；而有机认证与追溯体系的耦合监管发展，企业将拥有更大的市场动力，应给予企业更多的选择权，更充分地发挥市场导向作用。

12.3 本书研究的不足及研究展望

食品安全认证与追溯耦合监管研究是一个探索的过程，仍有较多需要解决的问题，由于个人研究能力和精力的限制，因此研究有一定的局限性。主要表现在：

（1）本书力求运用规范的实验经济学的方法模拟和检验耦合监管背景下主体间的博弈行为，尽管经过多轮的实验，获得的可靠的数据，但由于实验经济学方法运用经验的不足以及被测试者的招募组织等方面困难，未使用大样本数据进行模拟。

（2）为了使经济学实验更简单易行，模拟检验最为重要的结果，在实验设计中仅考虑耦合监管中的实体监管力量，未涉及声誉等市场约束机制，可能导致实验结论不完备。

（3）在运用计量经济学模型分析利益主体行为时，尽管本书在文献梳理并结合实际情况的基础上提出了理论假说，多数理论假说得到了验证，但是，仍存在个别重要变量不显著等问题；此外，由于食品安全认证与追溯耦合监管是一个探讨性的问题，现实中尚未完全存在，对利益主体的行为研究只能限于利益主体意愿方面的分析。这些问题需要在进一步研究中做出改进。

尽管本书研究形成了当前的食品安全认证与追溯耦合监管机制，提出了建立食品安全认证与追溯耦合监管新机制的政策建议，笔者也加深了对食品安全认证与追溯耦合监管的认识，认为利用认证标准规范食品安全可追溯信息是一项极富挑战性的任务，但是，对这一新问题、新观点的研究、论证，需要进行新的理论框架设计和分析，只能在后续的研究过程中做进一步的探讨。

参考文献

［1］Akerlof, G. A. The market for "lemons": Quality uncertainty and the market mechanism［J］. The quarterly journal of economics, 1970: 488 -500.

［2］Anders, S. , Monteiro, D. M. S. , Rouviere, E. Objectiveness in the Market for Third - Party Certification: Does market structure matter? ［C］. 105th EAAE Seminar, 2007.

［3］Andreoni, J. , Miller, J. Giving According to GARP: An Experimental Test of the Consistency of Preferences for Altruism ［J］. Econometrica, 2002, 70 (2): 737 - 753.

［4］Angulo, A. M. , Gil, J. M. Consequences of BSE on consumers' attitudes, perceptions and willingness to pay for certified beef in Spain ［C］. The 84th EAAE Seminar, 2004.

［5］Arrow, K. J. Alternative approaches to the theory of choice in risk-taking situations ［J］. Econometrica: Journal of the Econometric Society, 1951: 404 -437.

［6］Aung, M. M. , Chang, Y. S. Traceability in a food supply chain: Safety and quality perspectives ［J］. Food control, 2014 (39): 172 -184.

［7］Birol, E. , Rol, D. , Torero, M. How safe is my food? Assessing the effect of information and credible certification on consumer demand for food safety in developing countries ［C］. IFPRI Discussion Paper, 2010.

［8］Bradu, C. , Orquin, J. L. , Th? gersen, J. The mediated influence of a traceability label on consumer's willingness to buy the labelled product ［J］. Journal of Business Ethics, 2014, 124 (2): 283 -295.

［9］Busch, L. , Thiagarajan, D. , Hatanaka, M. , Bain, C. , Flores, L. G. ,

Frahm, M. The Relationship of Third – Party Certification (TPC) to Sanitary/Phytosanitary (SPS) Measures and the International Agri – Food Trade: Final Report [R]. Raise SPS Global Analytical Report #9, Washington D. C. : USAID, 2005.

[10] Canavari, M. , Pignatti, E. , Spadoni, R. Trust within the organic food supply chain: the role of the Certification Bodies [C]. The 99th EAAE Seminar, 2006.

[11] Chen, M. F. , Huang, C. H. The impacts of the food traceability system and consumer involvement on consumers' purchase intentions toward fast foods [J]. Food Control, 2013, 33 (2): 313 –319.

[12] Deaton, J. A theoretical framework for examining the role of third-party certifiers [J]. Food Control, 2004 (15): 615 –619.

[13] Dickinson, D. L. , Bailey, D. V. Experimental evidence on willingness to pay for red meat traceability in the United States, Canada, the United Kingdom, and Japan. Journal of Agricultural and Applied Economics [J]. 2005, 37 (3): 537 –548.

[14] Doherty, E. , Campbell, D. Demand for safety and regional certification of food: Results from Great Britain and the Republic of Ireland [J]. British Food Journal, 2014, 116 (4): 676 –689.

[15] Dunleavy, P. Democracy, bureaucracy and public choice: economic approaches in political science [M]. Routledge, 2014.

[16] Fehr, E. , Gchter, S. Cooperation and Punishment in Public Goods Experiment [J]. American Economic Review, 2000, 90 (4): 980 –994.

[17] Golan, E. , Krissoff, B. , Kuchler, F. , Calvin, L. , Nelson, K. , Price, G. Traceability in the U. S. food supply: economic theory and industry studies [R]. USDA: Economic Research Service, 2004.

[18] Gulbrandsen, L. H. Dynamic governance interactions: Evolutionary effects of state responses to non-state certification programs [J]. Regulation & Governance, 2014, 8 (1): 74 –92.

[19] Harsanyi, J. C. Games with randomly disturbed payoffs: A new rationale for mixed-strategy equilibrium points [J]. International Journal of Game Theory, 1973, 2 (1): 1 –23.

[20] Hobbs, J. E. , Bailey, D. V. , Dickinson, D. L. , Haghiri, M. Traceability in the Canadian Red Meat Sector: Do Consumers Care? [J]. Canadian Journal of Agricultural Economics, 2005, 53 (1): 47 –65.

[21] Hobbs, J. E. Information asymmetry and the role of traceability systems [J].

Agribusiness, 2004, 20 (4): 397 -415.

[22] Hoffman, R. R. The psychology of expertise: Cognitive research and empirical AI [M]. Psychology Press, 2014.

[23] Jahn, G. , Schramm, M. , Spliller, A. The reliability of certification: quality labels as a consumer policy tool [J]. Journal of Consumer Policy, 2005 (28): 53 -73.

[24] Janssen, M. , Hamm, U. Consumer perception of different organic certification schemes in five European countries [J]. Organic Agriculture, 2011, 1 (1): 31 -43.

[25] Janssen, M. , Hamm, U. Certification logos in the market for organic food: What are consumers willing to pay for different logos? [C]. EAAE Congress, 2011.

[26] Lecomte, C. , Najar, L. , Vergote, M. H. The trace ability in the Agricultural and Food Industry: stakes, marks bench. Industries [J]. Alimentaires et Agricoles, 2003, 20 (5) : 21 -26.

[27] Lecomte, C. Traceability in the agro-food industry: stakes, basic concepts and the variety of contexts [J]. Industries Alimentaires et Agricoles. 2003, 120 (5): 21 -26.

[28] Manning, L. , Baines, R. N. Effective management of food safety and quality [J]. British Food Journal, 2004, 106 (8/9): 598 -606.

[29] Maya, S. R. , López - López, I. , Munuera, J. L. Organic food consumption in Europe: International segmentation based on value system differences [J]. Ecological Economics, 2011 (70): 1767 -1775.

[30] Meixner, O. , Haas, R. , Perevoshchikova, Y. Consumer Attitudes, Knowledge, and Behavior in the Russian Market for Organic Food [J]. International Journal on Food System Dynamics, 2014, 5 (2): 110 -120.

[31] Menozzi, D. , Halawany - Darson, R. , Mora, C. , Giraud, G. Motives towards traceable food choice: A comparison between French and Italian consumers [J]. Food Control, 2015 (49): 40 -48.

[32] Meuwissen, M. P. M. , Velthuis, A. G. J. , Hogeveen, H. ; Huirne, R. B. M. Traceability and certification in meat supply chains [J]. Journal of Agribusiness, 2003 (2): 167 -181.

[33] Miyata, S. , Minot, N. , Hu, D. Impact of contract farming on income: linking small farmers, packers, and supermarkets in China [J]. World Development, 2009, 37 (11): 1781 -1790.

[34] Moe, T. Perspectives on traceability of agriculture [J]. Trends in Food Sci-

ence & Technology, 1998, 9 (5): 211 -214.

[35] Mokina, S. Place and role of employer brand in the structure of corporate brand [J]. Economics & Sociology, 2014, 7 (2): 136 -148.

[36] Nandi, R. , Bokelmanna, W. , Nithya, V. G. , Dias, G. Smallholder organic farmer's attitudes, objectives and barriers towards production of organic fruits and vegetables in India: A multivariate analysis [J]. Emirates Journal of Food and Agriculture, 2015, 27 (5): 396 -406.

[37] Nikiforakis, N. , Normann, H. A. Comparative Statics Analysis of Punishment in Public-good Experiments [J]. Experimental Economics, 2008, 11 (4): 358 -369.

[38] Pizzuti, T. , Mirabelli, G. , Sanz - Bobi, M. A. Food Track & Trace ontology for helping the food traceability control [J]. Journal of Food Engineering, 2014 (120): 17 -30.

[39] Rijswijk, W. , Ferewer, L. J. How consumers link traceability to food quality and safety: An international investigation [C]. The 98th EAAE Seminar, 2006.

[40] Souza - Monteiro, D. M. , Hooker, N. H. Food Safety and Traceability. // Armbruster, W. J. , Knutson, R. D. US Programs Affecting Food and Agricultural Marketing. Natural Resource Management and Policy 38, DOI 10. 1007/978 - 1 - 4614 - 4930 -0_10, © Springer Science + Business Media New York 2013.

[41] Tanner, B. Independent assessment by third-party certification bodies [J]. Food Contrl, 2000 (11): 415 -417.

[42] Theuvsen, L. , Hollmann -Hespos, T. Tracking und Tracing in der Agrar-und Ernaehrungswirtschaft [J]. Zeitschrift für Agrarinformatik, 2005, 13 (3): 49 -51.

[43] Trautman, D. , Goddard, E. , Nilsson, T. Traceability: a literature review [J]. Rural Economy, 2008 (6): 1 -148.

[44] Ubilava, D. , Foster, K. Quality certi? cation vs. product traceability: Consumer preferences for informational attributes of pork in Georgia [J]. Food Policy, 2009 (34): 305 -310.

[45] vander, M. D. , Bosman, M. , Ellis, S. Consumers' opinions and use of food labels: Results from an urban-rural hybrid area in South Africa [J]. Food Research International, 2014 (63): 100 -107.

[46] Verbeke, W. , Ward, R. W. Consumer interest in information cues denoting quality, traceability and origin: An application of ordered probit models to beef labels

[J]. Food Quality and Preference, 2006 (17): 453 –467.

[47] Vetter, H., Karantininis, K. Moral hazard, vertical integation, and public monitoring in credence goods [J]. European Review of Agricultural Economics, 2002, 29 (2): 271 –279.

[48] Weeden, K. A., Grusky, D. B. Inequality and market failure [J]. American Behavioral Scientist, 2014, 58 (3): 473 –491.

[49] Wisner, J., Tan, K. C, Leong, G. Principles of supply chain manage-ment: a balanced approach [M]. Cengage Learning, 2015.

[50] Yong, L., Ying, P., Yufeng, L. Consumers' attitude and willingness to pay for the traceability of vegetables: taking Shanghai as an example [J]. Chinese Agric. Sci Bull, 2014, 30 (26): 291 –296.

[51] Yu, X., Gao, Z., Zeng, Y. Willingness to pay for the "Green Food" in China [J]. Food Policy, 2014 (45): 80 –87.

[52] Zhang, C. P., Bai, J. F., Wahl, T. I. Consumers' willingness to pay for traceable pork, milk, and cooking oil in Nanjing, China [J]. Food Control, 2012 (27): 21 –28.

[53] Zhao, R., Chen, S. Z. Willingness of Farmers to Participate in Food Tracea-bility Systems: Improving the Level of Food Safety [J]. Forestry Studies in China, 2012, 14 (2): 92 –106.

[54] 唐纳德丁. 鲍尔索克斯，戴维丁. 克劳斯，M. 比克斯比·库珀. 供应链物流管理（原书第2版）[M]. 北京：机械工程出版社，2007：1 –90.

[55] C. V. 布朗，P. M. 杰克逊. 公共部门经济学（第四版）[M]. 北京：中国人民大学出版社，2000.

[56] 曹建民，胡瑞法，黄季焜. 技术推广与农民对新技术的修正采用：农民参与技术培训和采用新技术的意愿及其影响因素分析 [J]. 中国软科学，2005 (6): 60 –66.

[57] 陈芳，姜启军. 企业构建食品追溯体系的成本收益研究 [J]. 湖南农业科学，2011 (2): 39 –40.

[58] 陈红华，田志宏. 国内外农产品可追溯系统比较研究 [J]. 商场现代化，2007 (510): 5 –6.

[59] 陈雨生，乔娟，李秉龙. 消费对认证食品购买意愿影响因素的实证研究 [J]. 财贸研究，2011 (3): 121 –128.

[60] 陈雨生，乔娟，闫逢柱. 农户无公害认证蔬菜生产意愿影响因素的实证分析 [J]. 农业经济问题，2009 (6): 34 –39.

［61］陈雨生. 认证食品消费行为与认证制度发展研究［J］. 中国海洋大学学报（社会科学版），2012（5）：63 –67.

［62］崔彬. 农产品安全属性叠加对城市消费者感知及额外支付意愿的影响［J］. 农业技术经济，2013（11）：32 –39.

［63］董银果，邱荷叶. 基于追溯透明和保证体系的中国猪肉竞争力分析［J］. 农业经济问题，2014（2）：17 –25.

［64］杜宁华. 实验经济学［M］. 上海：上海财经大学出版社，2008.

［65］樊勇明. 公共经济学［M］. 上海：复旦大学出版社，2007.

［66］房瑞景. 食品质量安全溯源信息传递行为及监管体系研究［D］. 沈阳：沈阳农业大学，2012.

［67］费亚利. 政府强制性猪肉质量安全可追溯体系研究［D］. 成都：四川农业大学，2012.

［68］龚强，陈丰. 供应链可追溯性对食品安全和上下游企业利润的影响［J］. 南开经济研究，2012（6）：30 –48.

［69］韩杨. 中国食品可追溯体系的利益主体研究——基于北京市的实证调查分析［D］. 北京：中国农业大学，2009.

［70］胡求光，童兰，黄祖辉. 农产品出口企业实施追溯体系的激励与监管机制研究［J］. 农业经济问题，2012（4）：71 –77.

［71］黄建，齐振宏，朱萌，张董敏. 消费者对转基因食品外部信息搜寻行为影响因素的实证研究［J］. 中国农业大学学报，2014：19（3）：19 –26.

［72］黄胜忠，王磊，徐广业. 农民专业合作社与超市对接的利益博弈分析［J］. 南京农业大学学报（社会科学版），2014，14（5）：34 –41.

［73］姜杰，朱青梅. 公共经济学［M］. 济南：山东人民出版社，2009：1 –200.

［74］姜励卿. 政府行为对农户参与可追溯制度的意愿和行为影响研究——以蔬菜种植农户为例［J］. 农业经济，2008（9）：46 –49.

［75］金雪军，王晓兰. 实验经济学［M］. 北京：首都经济贸易大学出版社，2006.

［76］李春根. 农村公共品供给与农民增收研究综述［J］. 石家庄经济学院学报，2007，29（5）：630 –636.

［77］李庆江，郝利. 基于无公害农产品认证的农产品质量追溯研究［J］. 中国食物与营养，2010（12）：6 –9.

［78］连洪泉，周业安，左聪颖，陈叶烽，宋紫峰［J］. 惩罚机制真能解决搭便车难题吗？——基于动态公共品实验的证据［J］. 管理世界，2013（4）：69 –81.

［79］林勇，平瑛，李玉峰. 消费者对可追溯蔬菜的态度以及支付意愿［J］. 中国农

学通报，2014，30（26）：291 –296.

[80] 刘俊荣. 国际水产品市场法规新趋势——欧盟 TraceFish 计划 [J]. 水产科学，2005，24（4）：42 –43.

[81] 刘圣中. 可追溯机制的逻辑与运用 [J]. 公共管理学报，2008，5（2）：33 –39.

[82] 刘伟忠. 论公共政策之公共利益实现的困境 [J]. 中国行政管理，2007（8）：26 –29.

[83] 刘增金，乔娟. 消费者对认证食品的认知水平及影响因素分析 [J]. 消费经济，2011，27（4）：11 –14.

[84] 欧元军. 论社会中介组织在食品安全监管中的作用 [J]. 华东经济管理，2010，24（1）：32 –35.

[85] 浦徐进，蒋力，吴亚. 食品供应链成员实施可追溯系统的行为研究 [J]. 工业工程，2013，16（6）：84 –88.

[86] 任建超，韩青，乔娟. 影响消费安全认证食品购买行为的因素分析 [J]. 消费经济，2013，29（3）：50 –55.

[87] 任雪. 声誉、内部监督与审计质量——管理者与审计师博弈的实验研究 [D]. 天津：南开大学，2012.

[88] 山丽杰，徐旋，谢林柏. 实施食品可追溯体系对社会福利的影响研究 [J]. 公共管理学报，2013，10（3）：103 –109.

[89] 施晟. 食品安全可追踪系统的信息传递效率研究 [D]. 武汉：华中农业大学，2008.

[90] 宋怿，黄磊，穆迎春. 我国水产品质量安全认证与追溯 [J]. 农业质量标准，2007（6）：28 –31.

[91] 宋紫峰，周业安. 收入不平等、惩罚和公共品自愿供给的实验经济学研究 [J]. 世界经济，2011（10）：35 –54.

[92] 汪国栋. 食品安全监管有效性分析 [J]. 现代农业，2008（9）：96 –97.

[93] 王常伟，顾海英. 逆向选择、信号发送与我国绿色食品认证机制的效果分析 [J]. 软科学，2012，26（10）：54 –58.

[94] 王二朋，周应恒. 城市消费者对认证蔬菜的信任及其影响因素分析 [J]. 农业技术经济，2011（10）：69 –77.

[95] 王锋，张小栓，穆维松，傅泽田. 消费者对可追溯农产品的认知和支付意愿分析 [J]. 中国农村经济，2009（3）：68 –74.

[96] 王华书. 食品安全的经济分析与管理研究 [D]：[博士学位论文]. 南京：南京农业大学，2004.

[97] 王慧敏，乔娟. 农户参与食品质量安全追溯体系的行为与效益分析——以北京市蔬菜种植农户为例 [J]. 农业经济问题，2011（2）：45 –51.

[98] 王健诚，王瑞红，李海涛，崔红英. 动物及动物产品可追溯管理与认证认可管理的差异性 [J]. 中国牧业通讯，2009（12）：24 –26.

[99] 王真，王增娟. 我国大型连锁超市规模经济的实证研究——基于内资企业和外资企业的视角 [J]. 北京工商大学学报（社会科学版），2012，27（4）：25 –30.

[100] 王志刚，毛燕娜. 城市消费者对 HACCP 认证的认知程度、接受程度、支付意愿及其影响因素分析 [J]. 中国农村观察，2006（5）：2 –12.

[101] 文晓巍，李慧良. 消费者对可追溯食品的购买与监督意愿分析 [J]. 中国农村经济，2012（5）：41 –52.

[102] 吴波. 绿色消费研究评述 [J]. 经济管理，2014（11）：178 –189.

[103] 吴林海，秦毅，徐玲玲. 企业投资食品可追溯体系的决策意愿与影响因素研究 [J]. 中国人口·资源与环境，2013，23（6）：129 –137.

[104] 吴林海，王淑娴，Wuyang Hu. 消费者对可追溯食品属性的偏好和支付意愿：猪肉的案例 [J]. 中国农村经济，2014（8）：58 –75.

[105] 吴林海，王淑娴，徐玲玲. 可追溯食品市场消费需求研究 [J]. 公共管理学报，2013，10（3）：119 –128.

[106] 吴林海，徐玲玲，王晓莉. 影响消费者对可追溯食品额外价格支付意愿与支付水平的主要因素——基于 Logistic、Interval Censored 的回归分析 [J]. 中国农村经济，2010（4）：77 –86.

[107] 谢筱，吴秀敏，赵智晶. 食用农产品企业建立质量可追溯体系驱动力分析 [J]. 农村经济，2012（4）：50 –54.

[108] 徐玲玲，刘晓琳，应瑞瑶. 可追溯农产品额外成本承担意愿研究 [J]. 中国人口·资源与环境，2014，24（12）：23 –31.

[109] 杨秋红，吴秀敏. 农产品生产加工企业建立可追溯系统的意愿及其影响因素 [J]. 农业技术经济，2009（2）：69 –77.

[110] 杨易. 食用农产品企业实施绿色食品认证的意愿研究 [D]. 成都：四川农业大学，2011.

[111] 杨永亮. 农产品生产追溯制度建立过程中的农户行为研究 [D]. 浙江：浙江大学，2006.

[112] 叶俊焘. 猪肉加工企业质量安全可追溯行为及绩效研究 [D]. 浙江：浙江大学，2012.

[113] 尹世久，陈默，徐迎军，李中翘. 消费者对安全认证食品信任评价及其影响

因素——基于有序 Logistic 模型的实证分析 [J]. 公共管理学报, 2013 (3): 110 –118.

[114] 尹世久, 陈默, 徐迎军. 消费者安全认证食品多源信任融合模型研究 [J]. 江南大学学报（人文社会科学版）, 2012, 11 (2): 114 –120.

[115] 徐迎军, 尹世久, 陈雨生, 朱淀. 有机蔬菜农户生产规模变动意愿及其影响因素——基于寿光市 785 份调查数据 [J]. 湖南农业大学学报（社会科学版）, 2014, 15 (6): 32 –38.

[116] 尹世久. 基于消费者行为世界的中国有机食品市场实证研究 [D]. 江苏: 江南大学, 2010.

[117] 尹世久. 信息不对称、认证有效性与消费者偏好: 以有机食品为例 [M]. 北京: 中国社会科学出版社, 2013.

[118] 尹晓佳, 张晶. 从价格角度分析中国有机食品市场 [C]. 中国环境科学学会. 中国环境保护优秀论文集. 北京: 中国环境科学出版社, 2005.

[119] 尹玉伶, 何静. 我国建立农产品质量安全可追溯系统的对策研究 [J]. 山西农业科学, 2011, 39 (5): 488 –490.

[120] 应瑞瑶, 朱勇. 农业技术培训方式对农户农业化学投入品使用行为的影响——源自实验经济学的证据 [J]. 中国农村观察, 2015 (1): 50 –58.

[121] 元成斌, 吴秀敏. 食用农产品企业实行质量可追溯体系的成本收益研究——来自四川 60 家企业的调研 [J]. 中国食物与营养, 2011, 17 (7): 45 –51.

[122] 元成斌. 食用农产品企业实行质量可追溯体系的行为研究 [D]. 成都: 四川农业大学, 2009.

[123] 岳珍, 赖茂生. 基于信息构建的网站设计理念研究 [J]. 情报科学, 2006, 24 (11): 1723 –1727.

[124] 张彩萍, 白军飞, 蒋竞. 认证对消费者支付意愿的影响: 以可追溯牛奶为例 [J]. 中国农村经济, 2014 (8): 76 –85.

[125] 张利国. 安全认证食品管理问题研究 [D]. 南京: 南京农业大学, 2006.

[126] 张婷. 绿色食品生产者质量控制行为研究 [D]. 成都: 四川农业大学, 2013.

[127] 张维迎. 所有制、治理结构及委托代理关系 [J]. 经济研究, 1996 (9): 3 –15.

[128] 赵蕾, 杨子江, 宋怿. 水产品质量安全可追溯体系构建中的政府职能定位 [J]. 中国水产, 2010 (8): 27 –29.

[129] 赵荣, 乔娟, 孙瑞萍. 消费者对可追溯性食品的态度、认知和购买意愿研究 [J]. 消费经济, 2010, 26 (3): 40 –45.

[130] 赵卫红，刘秀娟．消费者对可追溯性蔬菜的购买意愿的实证研究 [J]．农村经济，2013（1）：56 –59．

[131] 赵智晶、吴秀敏．消费者追溯猪肉信息的行为研究——基于成都市 395 名消费者的实证分析 [J]．农业技术经济，2013（6）：73 –82．

[132] 周洁红，陈晓莉，刘清宇．猪肉屠宰加工企业实施质量安全追溯的行为、绩效及政策选择 [J]．农业技术经济，2012（8）：29 –37．

[133] 周洁红，姜励卿．农产品质量安全追溯体系中的农户行为分析——以蔬菜种植户为例 [J]．浙江大学学报，2007（2）：118 –127．

[134] 周洁红，张仕都．蔬菜质量安全可追溯体系建设：基于供货商和相关管理部门的二维视角 [J]．农业经济问题，2011（1）：32 –38．

[135] 周荣华，张明林．绿色食品生产中农户机会主义治理分析 [J]．农村经济，2013，（1）：119 –122．

[136] 周早弘．我国公众参与食品安全监管的博弈分析 [J]．华东经济管理，2009，23（9）：105 –108．

[137] 朱晨冉．农户参与绿色食品生产的意愿研究 [D]．山东：山东师范大学，2014．

[138] 朱淀，蔡杰，王红纱．消费者食品安全信息需求与支付意愿研究 [J]．公共管理学报，2013，10（3）：129 –143．

[139] 朱湖根，万伦来，金炎．中国财政支持农业产业化经营项目对农民收入增长影响的实证分析 [J]．中国农村经济，2007（12）：28 –34．

[140] 朱丽莉，王怀明．农产品质量认证中信息失真的原因分析 [J]．江西财经大学学报，2013，86（2）：80 –85．

[141] 左伟．基于食品安全的企业、监管部门动态博弈分析 [J]．华南农业大学学报（社会科学版），2009，8（3）：62 –67．

附录一 问卷调查

问卷1 农户问卷

被调查者姓名：_____ 调查地点：_____

调查员姓名：_____

尊敬的朋友：

您好！这是一份关于农户认证与追溯信息管理行为的调查问卷。本问卷中的问题答案无对错之分。您填写的所有资料仅供学术研究之用。请按照您的实际情况或想法填写，非常感谢您的合作！

1. 您的性别？

（1）女　（2）男

2. 您的年龄？_____岁

3. 您的受教育程度？

（1）小学及以下　（2）初中　（3）高中　（4）本科

（5）本科以上

4. 您从事农业生产有多少年？_____年

5. 您家农业经营规模情况？

（1）小规模　（2）中等规模　（3）大规模

6. 您家是否与农业企业签订订单合同？

（1）否　（2）是

7. 您家近两年是否参加过生产技术培训？

（1）否　（2）是

8. 若施用不合标准的添加剂（或渔药），您是否会记入生产记录（可追溯信息)?

（1）否 （2）是

9. 您家是否参与了食品追溯体系？

（1）否 （2）是

10. 您家愿意参加食品追溯体系吗？

（1）非常不愿意 （2）不愿意 （3）一般 （4）比较愿意

（5）非常愿意

11. 如果如实传递生产信息，出了食品质量安全问题，会找到您，让您赔偿损失，您会继续如实传递生产信息吗？

（1）非常不愿意 （2）不太愿意 （3）一般 （4）比较愿意

（5）非常愿意

12. 您是否参加了食品的认证体系（无公害、绿色、有机认证）？

（1）否 （2）是

13. 在食品可追溯的情况下，您愿意按照认证标准规范可追溯信息吗？

（1）非常不愿意 （2）不太愿意 （3）一般 （4）比较愿意

（5）非常愿意

14. 您认为是否需要专业的机构（认证机构）来监督可追溯信息？

（1）否 （2）是

15. 您认为目前的生产信息（可追溯信息），是否需要认证标准（无公害、绿色和有机认证）来规范？

（1）非常不需要 （2）不太需要 （3）一般 （4）比较需要

（5）非常需要

16. 若存在专门的可追溯信息监管机构（如认证机构的介入），可追溯信息是否更能够反映实际的生产情况？

（1）根本不可能 （2）不可能 （3）一般 （4）有可能

（5）非常可能

17. 您认为下游企业（加工企业、合作社等）是否应该监管食品安全可追溯信息？

（1）否 （2）是

18. 您认为可追溯信息能够反映生产情况吗？

（1）不能　　（2）一般　　（3）能够

19. 若如实填写食品生产记录（可追溯信息），是否能够获得更多收益？

（1）否　　（2）是

20. 若如实填写食品生产记录（可追溯信息），是否有助于食品质量安全水平的提高？

（1）否　　（2）是

21. 您认为目前我国养殖的食品质量安全状况如何？

（1）非常差　　（2）较差（3）一般（4）较好　　（5）非常好

22. 您家生产过程中发生病害的严重程度？

（1）非常轻　　（2）比较轻　　（3）一般　　（4）比较重　　（5）非常重

23. 您满意我国政府食品质量安全管理工作吗？

（1）非常不满意　　（2）比较不满意　　（3）一般　　（4）比较满意

（5）非常满意

24. 据您所知，您周围的食品生产者能严格遵守我国在食品质量安全方面的规定吗？

（1）不太遵守　　（2）一般　　（3）严格遵守

25. 您平时关注食品生产方面的质量安全管理信息吗？

（1）从不在意　　（2）不在意　　（3）一般　　（4）有时看看

（5）非常关心

26. 目前市场上的食品可以分为：常规食品、无公害食品、绿色食品和有机食品，其中后三种都属于"安全食品"，您是否听说过这三种名称？

（1）否　　（2）是

27. 您是否了解食品质量安全召回制度？

（1）否　　（2）是

28. 如果不合要求的农药能有效抑制病害，您家是否会使用此类农药？

（1）否　　（2）是

29. 您认为食品安全事件对农业产生负面影响大吗？

（1）非常小　　（2）比较小　　（3）一般　　（4）比较大　　（5）非常大

问卷 2　食品企业问卷

被调查者姓名：_____　调查地点：_____

调查员姓名：_____

尊敬的先生/女士：

　　您好，我们正在对食品安全认证与追溯耦合监管问题进行研究。我们保证，本次调查不会对您产生任何不利影响。您对此问题的看法将影响我们对该课题研究的结果，请根据您的实际情况填写此份问卷，衷心感谢您的合作与支持！

　　说明：请根据您的情况在选项左边方框内打"√"，或在横线上填写，除特别注明均为单选。

　　一、企业基本信息

　　1. 企业名称：_____

　　2. 企业所有制性质：

　　□国营　□集体　□私（民）营　□个体　□股份公司　□三资

　　□其他_____

　　3. 企业已获得的认证（可多选）：

　　□ISO9000　□HACCP　□QS　□无公害　□绿色　□有机

　　□其他_____

　　4. 企业总资产：_____，注册资本：_____

2013 年年销售额：_____，年利润：_____

　　5. 企业员工总数：_____，其中，管理人员数_____，技术人员数_____，检验人员数_____

　　6. 企业生产的主要产品类型：_____

　　二、企业实施认证、追溯的成本收益

　　1. 成本

　　（1）首次实施认证时，为达到认证标准而额外增加的投资（万元）_____；以后每年的平均投资额（万元）=（标识使用费_____）+（环境监测费_____）+（产品检验费_____）+其他相关费用（购买监测设备、增加技工人员、交易费用等）_____。

认证机构的收费标准：_____

认证当中的各项成本与企业预期是否一致？　　□是　　　　□否

若否的话，哪些成本超过预期_____

哪些成本低于预期_____

哪些成本与预期一致_____

（2）首次实施追溯时，追加的额外投资_____，
以后每年的平均追加的额外投资额（万元）_____

实施追溯的各项成本与企业预期是否一致？　　□是　　　　□否

若否的话，哪些成本超过预期_____

哪些成本低于预期_____

哪些成本与预期一致_____

2. 收益

（1）政府平均每年对安全认证食品生产的补贴额：_____
_____，政府平均每年对参与食品安全追溯体系的企业的补
贴额：_____

（2）企业是否在实施认证和追溯体系中取得了收益？

□没有取得任何收益　□有收益，但是不明显　□取得了明显收益

原因：_____

实施认证、追溯体系的收益与企业预期是否一致？　　□是　　　□否

若否的话，哪些收益超过预期_____

哪些收益低于预期_____

哪些收益与预期一致_____

三、现有制度下企业认知与管理

1. 您认为若发生食品质量安全事故，哪些主体应承担责任（可多选）

□农户　□加工企业　□物流　□零售商　□认证机构

□其他主体_____

2. 目前实行的追溯体系中能够追责到的主体有哪些（可多选）

□农户　□加工企业　□物流　□零售商　□认证机构

□其他主体＿＿＿＿＿＿＿

未能追责的原因＿＿＿＿＿＿＿＿＿＿＿＿＿＿＿＿＿＿＿＿＿＿＿＿＿

3. 您认为现有认证、追溯制度有何缺陷：＿＿＿＿＿＿＿＿＿＿＿＿＿

＿＿＿＿＿＿＿＿＿＿＿＿＿＿＿＿＿＿＿＿＿＿＿＿＿＿＿＿＿＿＿＿＿

4. 现有制度下个别食品企业出现提供虚假信息、与认证机构联合违规等道德风险问题，您如何看待这一问题：＿＿＿＿＿＿＿＿＿＿＿＿＿

＿＿＿＿＿＿＿＿＿＿＿＿＿＿＿＿＿＿＿＿＿＿＿＿＿＿＿＿＿＿＿＿＿

5. 贵企业目前是如何对农户传递安全信息的行为进行监管的：＿＿＿＿＿

＿＿＿＿＿＿＿＿＿＿＿＿＿＿＿＿＿＿＿＿＿＿＿＿＿＿＿＿＿＿＿＿＿

6. 贵企业目前对认证责任人的相关信息是如何管理的：＿＿＿＿＿＿＿

＿＿＿＿＿＿＿＿＿＿＿＿＿＿＿＿＿＿＿＿＿＿＿＿＿＿＿＿＿＿＿＿＿

7. 贵企业目前对食品安全信息是如何管理的：＿＿＿＿＿＿＿＿＿＿＿

＿＿＿＿＿＿＿＿＿＿＿＿＿＿＿＿＿＿＿＿＿＿＿＿＿＿＿＿＿＿＿＿＿

四、认证与追溯体系耦合下企业管理行为

现假设在食品质量认证与追溯体系耦合下，所有主体都会被记入追溯信息中，所有主体都能够被追究到责任，且由认证机构对可追溯信息进行监管，则：

（1）您认为各主体违规操作的可能性：

□非常小　□比较小　□一般　□比较大　□非常大

原因：＿＿＿＿＿＿＿＿＿＿＿＿＿＿＿＿＿＿＿＿＿＿＿＿＿＿＿＿＿

＿＿＿＿＿＿＿＿＿＿＿＿＿＿＿＿＿＿＿＿＿＿＿＿＿＿＿＿＿＿＿＿＿

（2）贵企业该如何对农户传递安全信息的行为进行监管：＿＿＿＿＿＿

＿＿＿＿＿＿＿＿＿＿＿＿＿＿＿＿＿＿＿＿＿＿＿＿＿＿＿＿＿＿＿＿＿

（3）贵企业该如何对食品安全信息进行管理：＿＿＿＿＿＿＿＿＿＿＿

＿＿＿＿＿＿＿＿＿＿＿＿＿＿＿＿＿＿＿＿＿＿＿＿＿＿＿＿＿＿＿＿＿

问卷3 超市问卷

被调查者姓名：_____ 调查地点：_____

调查员姓名：_____

尊敬的先生/女士：

您好！我们正在对食品安全认证与追溯体系建设相关问题进行研究。我们保证，本次调查不会对您产生任何不利影响。您对此问题的看法将影响我们对该课题研究的结果，请根据您的实际情况填写这份问卷，衷心感谢您的合作与支持！

1. 您家超市的经营规模？

（1）小型　　（2）中型　　（3）大型

2. 您家超市已经营几年？_____年

3. 您家超市是否连锁超市？

（1）否　　（2）是

4. 您家超市的员工有多少？_____位

5. 您家超市的年营业额是多少？_____万元

6. 您的年龄？_____岁

7. 您的性别？

（1）女　　（2）男

8. 您的学历？

（1）小学及以下　　（2）中学　　（3）高中　　（4）大学

（5）大学以上

9. 您认为我国食品质量安全水平怎样？

（1）非常差　　（2）比较差　　（3）一般　　（4）比较好　　（5）非常好

10. 您了解食品安全认证体系吗？

（1）非常不了解　　（2）不太了解　　（3）一般　　（4）比较熟悉

（5）非常熟悉

11. 您了解食品安全追溯体系吗？

（1）非常不了解　　（2）不太了解　　（3）一般　　（4）比较熟悉

（5）非常熟悉

12. 您认为食品可追溯信息是否需要专门机构（如认证机构）进行监管？

（1）否　　（2）是

13. 您家超市愿意接受认证机构在可追溯食品经营方面的监督吗？

（1）非常不愿意　　（2）不太愿意　　（3）一般　　（4）比较愿意

（5）非常愿意

14. 您认为消费者的绿色消费观念强吗？

（1）非常弱　　（2）比较弱　　（3）一般　　（4）比较强　　（5）非常强

15. 您觉得安全食品（如认证与可追溯食品）经营利润高吗？

（1）非常低　　（2）比较低　　（3）一般　　（4）比较高　　（5）非常高

16. 您觉得消费者愿意为自身健康花费更多支出吗？

（1）非常不愿意　　（2）不太愿意　　（3）一般　　（4）比较愿意

（5）非常愿意

17. 您认为，认证的可追溯食品的市场前景好吗？

（1）非常差　　（2）比较差　　（3）一般　　（4）比较好　　（5）非常好

18. 若超市售出的食品出现问题，超市应该承担多大比例的责任呢？

_____%

19. 您认为，当前食品质量安全事件发生的频率大吗？

（1）非常小　　（2）比较小　　（3）一般　　（4）比较大　　（5）非常大

20. 您家超市是否正在经营可追溯食品？

（1）否　　（2）是

若您家正在经营可追溯食品，请紧接回答问题21、问题22和问题23。

21. 在经营跨域可追溯食品时，是否存在更多困难？

（1）否　　（2）是

22. 是否存在追溯体系兼容性问题？

（1）否　　（2）是

23. 可追溯食品的利润率？_____%

24. 您家超市是否正在经营认证食品？

（1）否　　（2）是

若您家正在经营认证食品，请继续回答问题25。

25. 认证食品的利润率？ _____ %

26. 您家超市愿意经营认证食品吗？

（1）非常不愿意　　（2）不太愿意　　（3）一般　　（4）比较愿意

（5）非常愿意

27. 您家超市愿意经营可追溯食品吗？

（1）非常不愿意　　（2）不太愿意　　（3）一般　　（4）比较愿意

（5）非常愿意

28. 您家超市愿意经营认证与追溯耦合属性食品吗？

（1）非常不愿意　　（2）不太愿意　　（3）一般　　（4）比较愿意

（5）非常愿意

29. 您家愿意经营进口的可追溯食品吗？

（1）非常不愿意　　（2）不太愿意　　（3）一般　　（4）比较愿意

（5）非常愿意

30. 您家是否正在经营进口的可追溯食品吗？

（1）否　　（2）是

31. 您觉得可追溯信息是否可靠？

（1）否　　（2）是

32. 若认证食品出现问题，您觉得是否应该溯源追责认证机构的相关责任人？

（1）否　　（2）是

33. 您觉得，在食品安全可追溯信息中，食品生产经营各环节中的责任人信息重要吗？

（1）非常不重要　　（2）不太重要　　（3）一般　　（4）比较重要

（5）非常重要

34. 您家超市是否为"超市＋基地"的产业化运营模式？

（1）否　　（2）是

35. 您觉得超市销售可追溯食品的技术难度大吗？

（1）非常小　　（2）比较小　　（3）一般　　（4）比较大

（5）非常大

36. 您家超市在食品进货时，注重产地吗？

（1）否　　（2）是

37. 您家超市在食品进货时，注重品牌吗？

（1）否　　（2）是

38. 您家超市选择食品供货商，注重供货商的信用吗？

（1）否　　（2）是

39. 您家超市是否对进货商提供的可追溯信息进行监管？

（1）否　　（2）是

40. 您家超市是否愿意在经营的食品可追溯条码中提供本超市的相关经营信息？

（1）否　　（2）是

41. 您家超市经营可追溯食品，附加费用（设备费、网络费、电费、人力管理成本等）是否过多？

（1）否　　（2）是

42. 您家超市经营可追溯食品，相对于经营普通食品，附加费用（设备费、网络费、电费、人力管理成本等）大约提高的＿＿＿＿＿＿＿＿＿＿＿％

43. 您家超市是否愿意承担销售可追溯食品的附加费用吗？

（1）否　　（2）是

44. 政府在追溯设备（如电脑、读码器）配备等方面对超市是否有补贴？

（1）否　　（2）是

45. 您对食品安全认证和可追溯体系的发展有何建议？＿＿＿＿＿＿＿＿＿＿＿＿＿＿

问卷4 消费者问卷

被调查者姓名：_____调查地点：_____

调查员姓名：_____

尊敬的先生/女士：

您好！这是一份关于食品消费行为的调查问卷，主要目的是研究居民对食品安全认证和追溯信息的需求和反馈行为，以及对安全认证与可追溯食品的态度以及购买行为。本问卷中的问题答案无对错之分。您填写的所有资料仅供学术研究之用。请按照您的实际情况或想法填写。非常感谢您的合作！

1. 您的性别？

（1）女　　（2）男

2. 您的年龄？_____岁。

3. 您的婚姻状况？

（1）未婚　　（2）已婚

4. 您的受教育程度？

（1）小学及以下　　（2）初中　　（3）高中　　（4）大学

（5）大学以上

5. 您的家庭人均月收入是多少？_____元

6. 您家有几个人？_____个

7. 您家是否有小孩？

（1）否　　（2）是

8. 您家一年的人均医药费支出是多少钱？_____元

9. 您家家庭身体健康状况？

（1）非常差　　（2）较差　　（3）一般（4）较好　　（5）非常好

10. 您近3年是否患过肿瘤疾病？

（1）否　　（2）是

11. 您家近3年是否有人患过肿瘤疾病？

（1）否　　（2）是

12. 若为孕龄女士，请回答：近 3 年是否患过不孕不育疾病？

（1）否　　（2）是

13. 您认为食品安全事件对食品业产生负面影响大吗？

（1）非常小　　（2）比较小　　（3）一般　　（4）比较大　　（5）非常大

14. 您认为海水养殖环境好吗？

（1）非常差　　（2）比较差　　（3）一般　　（4）比较好　　（5）非常好

15. 您认为淡水养殖环境好吗？

（1）非常差　　（2）比较差　　（3）一般　　（4）比较好　　（5）非常好

16. 您认可食品质量安全监管部门的监管效率吗？

（1）非常不认可　　（2）不太认可　　（3）一般　　（4）比较认可

（5）非常认可

17. 您或您的家人一年内遭遇过食品质量安全事件（如拉肚子、呕吐、头晕、发烧等）的次数？_____次/年

18. 您家一年内断水的次数？_____次

19. 在选择购买安全认证和可追溯食品时，媒体对您影响重要吗：

（1）无关紧要　　（2）不太重要　　（3）一般　　（4）比较重要

（5）非常重要

20. 您认可"绿色"消费文化吗？

（1）非常不认可　　（2）不太认可　　（3）一般　　（4）比较认可

（5）非常认可

21. 您从以下哪种渠道获得最多的食品质量安全信息_____

（1）政府组织　　（2）大众媒介　　（3）亲戚朋友　　（4）食品标签

22. 您对目前所购买食品的总体质量安全状况满意吗？

（1）非常不满意　　（2）不太满意　　（3）一般　　（4）比较满意

（5）非常满意

23. 您平时是否关注食品质量安全问题？

（1）非常不关注　　（2）较少关注　　（3）一般　　（4）比较关注

（5）非常关注

24. 您认为，当食品安全出现问题时能够找到责任人重要吗？

（1）非常不重要　　（2）不重要　　（3）无所谓　　（4）比较重要

（5）非常重要

25. 在遭遇食品质量问题时，您认为采取索赔或举报的行为有作用吗？

（1）非常没用　（2）没用　（3）不好说　（4）比较有用

（5）非常有作用

26. 您平时经常查找食品安全信息吗？

（1）不曾查找　（2）甚少查找　（3）偶尔　（4）频繁查找

（5）非常频繁查找

27. 您需要把更加专业、准确和完整的食品安全信息作为您购买食品的参考吗？

（1）非常不需要　（2）不需要　（3）一般　（4）比较需要

（5）非常需要

28. 您认为标有质量安全信息（认证、追溯）的食品价格高吗？

（1）非常低　（2）比较低　（3）一般　（4）比较高　（5）非常高

29. 您认为食品追溯条码中的信息真实吗？

（1）非常不真实　（2）不太真实　（3）一般　（4）比较真实

（5）非常真实

30. 您认为食品追溯条码中的信息充分吗？

（1）非常不充分　（2）不太充分　（3）一般　（4）比较充分

（5）非常充分

31. 您觉得食品追溯信息规范吗？

（1）非常不规范　（2）不太规范　（3）一般　（4）比较规范

（5）非常规范

32. 您觉得目前农业生产中施用农药、添加剂严重吗？

（1）非常不严重　（2）不严重　（3）一般　（4）比较严重

（5）非常严重

33. 您食用的转基因豆油占食用油的比例_____%

34. 您食用转基因豆油是否超过 3 年？

（1）否　（2）是

35. 您具体食用转基因豆油多少年？_____年

36. 您是否吸烟？

（1）否 （2）是

37. 您是否经常吃油炸食品？

（1）非常少 （2）较少 （3）一般 （4）较多 （5）非常多

38. 您的工作给您带来的压力大吗？

（1）非常小 （2）较小 （3）一般 （4）较大 （5）非常大

39. 您是否经常安排时间进行身体锻炼？＿＿＿＿＿＿＿＿次/月

40. 在您的上代家族中，是否有过肿瘤病例？

（1）否 （2）是

41. 您觉得食品安全追溯体系在食品安全监管方面发挥的作用大吗？

（1）非常小 （2）较小 （3）一般 （4）较大 （5）非常大

42. 您觉得食品安全认证体系在食品安全监管方面发挥的作用大吗？

（1）非常小 （2）较小 （3）一般 （4）较大 （5）非常大

43. 您认可食品安全召回制度吗？

（1）非常不认可 （2）较不认可 （3）一般 （4）比较认可

（5）非常认可

44. 您担心动物疫病（如禽流感、口蹄疫、疯牛病等）对人类健康的影响吗？

（1）非常担心 （2）较为担心 （3）一般 （4）不担心

（5）从不担心

45. 您认为食品安全认证体系增加食品的成本多吗？

（1）非常少 （2）较少 （3）一般 （4）较多

（5）非常多

46. 您认为食品安全追溯体系增加食品的成本大吗？

（1）非常小 （2）较小 （3）一般 （4）较大

（5）非常大

47. 您认为耦合食品安全认证与追溯体系对提高食品安全监管效率的作用大吗？

（1）非常小 （2）较小 （3）一般 （4）较大

（5）非常大

48. 您认为耦合食品安全认证与追溯体系，降低食品安全认证、追溯体系的总成本大吗?

(1) 非常小　(2) 较小　(3) 一般　(4) 较大　(5) 非常大

49. 在食品安全监管方面,您信任政府的作用吗?

(1) 非常不信任　(2) 不信任　(3) 无所谓　(4) 比较信任

(5) 非常信任

50. 您认为国内食品安全水平怎么样?

(1) 非常差　(2) 较差　(3) 一般　(4) 较好　(5) 非常好

51. 您认为目前进口食品的安全水平怎么样?

(1) 非常差　(2) 较差　(3) 一般　(4) 较好　(5) 非常好

52. 您认可国内的食品安全认证和追溯体系吗?

(1) 非常不认可　(2) 不认可　(3) 无所谓　(4) 比较认可

(5) 非常认可

53. 您认可国外的食品安全认证和追溯体系吗?

(1) 非常不认可　(2) 不认可　(3) 无所谓　(4) 比较认可

(5) 非常认可

54. 您购买食品的时候,关注认证机构相关信息吗?

(1) 非常不关注　(2) 不关注　(3) 无所谓　(4) 比较关注

(5) 非常关注

55. 您购买食品的时候,关注食品安全追溯信息吗?

(1) 非常不关注　(2) 不关注　(3) 无所谓　(4) 比较关注

(5) 非常关注

56. 您购买食品的时候,关注生产、加工、监管环节的责任人信息吗?

(1) 非常不关注　(2) 不关注　(3) 无所谓　(4) 比较关注

(5) 非常关注

57. 您购买食品的时候,关注原产地信息吗?

(1) 非常不关注　(2) 不关注　(3) 无所谓　(4) 比较关注

(5) 非常关注

58. 您购买食品的时候,关注原材料信息吗?

(1) 非常不关注　(2) 不关注　(3) 无所谓　(4) 比较关注

(5) 非常关注

59. 您购买食品的时候，关注添加剂信息吗？

（1）非常不关注　　（2）不关注　　（3）无所谓　　（4）比较关注

（5）非常关注

60. 您购买食品的时候，关注施药信息吗？

（1）非常不关注　　（2）不关注　　（3）无所谓　　（4）比较关注

（5）非常关注

61. 您购买食品的时候，关注生产者信息吗？

（1）非常不关注　　（2）不关注　　（3）无所谓　　（4）比较关注

（5）非常关注

62. 您购买食品的时候，关注加工技术信息吗？

（1）非常不关注　　（2）不关注　　（3）无所谓　　（4）比较关注

（5）非常关注

63. 您还对哪方面的食品安全信息感兴趣？＿＿＿＿＿＿＿＿＿＿＿＿＿

64. 您是否认为"生产认证与追溯食品有助于提升企业的形象和品牌"？

（1）否　　（2）是

65. 您购买食品时，重视食品企业的品牌吗？

（1）非常不重视　　（2）不太重视　　（3）一般　　（4）比较重视

（5）非常重视

66. 您认可食品质量安全召回制度吗？

（1）非常不认可　　（2）较不认可　　（3）一般　　（4）比较认可

（5）非常认可

67. 您愿意购买可追溯食品吗？

（1）非常不愿意　　（2）比较不愿意　　（3）一般　　（4）比较愿意

（5）非常愿意

68. 您是否更愿意购买（存在专业机构，如认证机构，对可追溯信息进行监管）的可追溯食品？

（1）否　　（2）是

69. 您愿意购买认证食品吗？

（1）非常不愿意　　（2）比较不愿意　　（3）一般　　（4）比较愿意

（5）非常愿意

70. 您是否更愿意购买（具有溯源追责功能，如追责认证机构）的认证食品？

（1）否　　（2）是

71. 您是否购买过可追溯性食品吗？

（1）否　　（2）是

72. 您是否购买过认证食品吗？

（1）否　　（2）是

73. 您愿意为安全认证食品多支付（相对于普通食品）_____%

74. 您愿意为安全可追溯食品多支付（相对于普通食品）_____%

75. 如果食品包装上同时具有认证与追溯信息，您愿意为这种食品多支付（相对于普通食品）_____%

76. 您愿意购买安全认证与可追溯蔬菜吗？

（1）非常不愿意　　（2）不太愿意　　（3）一般　　（4）比较愿意

（5）非常愿意

77. 您愿意购买安全认证与可追溯畜产品（牛、猪肉等产品）吗？

（1）非常不愿意　　（2）不太愿意　　（3）一般　　（4）比较愿意

（5）非常愿意

78. 您愿意购买安全认证与可追溯海产品？

（1）非常不愿意　　（2）不太愿意　　（3）一般　　（4）比较愿意

（5）非常愿意

79. 您愿意购买安全认证与可追溯淡水产品？

（1）非常不愿意　　（2）不太愿意　　（3）一般　　（4）比较愿意

（5）非常愿意

附录二　实验设计

实验设计 1

一、A 组第一轮实验说明

欢迎参与食品可追溯信息传递的经济实验。本实验的经费由多个科研基金提供。如果你在实验说明所描述的规则下认真进行了决策，你将在实验中得到收入。你在实验中的所得将用实验币来计算。实验结束时，按照获得实验币的多少对被试者进行现金奖励。奖励额度依次为：40 元、35 元、30 元、25 元、20 元。

本实验共有 5 名参与者扮演食品可追溯信息传递者的角色。实验开始前，实验组织者向每名信息传递者分发一张问卷、一张表格和 10 枚虚拟实验币。问卷的内容是：

假如你是一名农户或一家农产品生产企业，加入食品可追溯体系之后，你会选择传递几条可追溯信息（假设现在一共 10 条可追溯信息）？请将你的答案在写发给你的表格中。

传递可追溯信息会花费信息传递者相应成本。该实验假定每传递一条可追溯信息需要花费 1 枚虚拟实验币。传递可追溯信息会为你带来一定收益，该实验假定传递可追溯信息的边际收益率为 0.4。此外，在第一轮结束时，你将获得该轮所有信息传递者投资总额的 $\beta(0.04)$ 倍作为你的公共收益。

在实验开始前支付给信息传递者的总报酬为 0，在每一轮实验开始前给每个信息传递者 10 枚虚拟实验币，你可以决定分配多少枚虚拟实验币来传递可追溯信息。第一轮实验中如果你分配 x_i 枚实验币来传递可追溯信息，那么传递完可追溯信息后你的收益为：

$$y_i = 10 - x_i + 0.4x_i + 0.04 \sum_{i=1}^{5} x_i \quad (0 \leqslant x_i \leqslant 10)$$

发给被试者的表格内容见表1。

表1 信息传递者 i 的决策结果

轮次	实验币	其他收益	传递成本	收益
1	10	$10 - x_i$	x_i	
2	10			
3	10			
4	10			
5	10			
6	10			

实验开始时，信息传递者根据自己所做的决定将表格中的"其他收益"（即传递可追溯信息之外剩余的虚拟实验币）、"传递成本"两栏填入相应信息。填完后交给实验组织者，实验组织者将每名信息传递者的收益进行统计并填入相应表格，填完后该轮实验结束。

在整个试验中，每位信息传递者独立地做出传递可追溯信息决策，信息传递者做出决策依赖的信息有：（1）每个人知道自己的虚拟实验币数量、集体的总人数，知道每个人面临的传递信息收益率都是一样的。（2）信息传递者知道每个人知道总共进行若干次决策，每次给的虚拟实验币数量是相同的。但不知道其他被试者的具体投资决策。（3）每个人的总收益等于若干次实验收益的总和。在下一次传递信息决策之前，信息传递者都能获得前几次实验的上述信息。

您对实验的说明和过程有什么问题吗？如果有问题，请举手提问，我们会走到您的座位前回答您的问题。

二、A组第二至第六轮实验说明

欢迎参与食品可追溯信息传递的经济实验。本实验的经费由多个科研基金提供。如果你在实验说明所描述的规则下认真进行了决策，你将在实验中得到收入。你在实验中的所得将用实验币来计算。实验结束时，按照获得实验币的多少对被试者进行现金奖励。奖励额度依次为：40 元、35 元、30 元、25 元、20 元。

本实验共有 6 名参与者参加，上一轮的 5 名参与者依然扮演食品可追溯信息传递者的角色，第 6 名被试者扮演监管者的角色。实验开始前，实验组织者向每名信息传递者分发一张问卷和一张表格和 10 枚虚拟实验币。问卷的内容是：

假如你是一名农户或一家农产品生产企业，加入食品可追溯体系之后，你会选择传递几条可追溯信息（假设现在一共 10 条可追溯信息）？请将你的答案在写发给你的表格中。

传递可追溯信息会花费信息传递者相应成本。该实验假定每传递 1 条可追溯信息需要花费 1 枚虚拟实验币。传递可追溯信息会为你带来一定收益，该实验假定传递可追溯信息收益率为 0.4。监管部门若发现信息传递者五条可追溯信息不会对其进行处罚，但若发现传递可追溯信息数低于 5 条会对其进行惩罚，该实验中假定不传递可追溯信息的惩罚指数为 1.3，即若发现信息传递者每少传递 1 条可追溯信息，监管者将会对其做出扣除 1.3 枚虚拟实验币的惩罚。若传递可追溯信息数多于 5 条会对信息传递者进行奖励，该实验中假定传递可追溯信息的奖励系数为 0.9，即若发现信息传递者传递 5 条可追溯信息后每多传递 1 条可追溯信息，监管者将会对其做出给予 0.9 枚虚拟实验币的奖励。此外，在每一轮结束时，你将获得该轮所有信息传递者投资总额的 β（0.04）倍作为你的公共收益。

在实验开始前支付给信息传递者的总报酬为 0，在每一轮实验开始前给每个信息传递者 10 枚虚拟实验币，你可以决定分配多少枚虚拟实验币来传递可追溯信息。该轮实验中如果你分配 x_i 枚实验币来传递可追溯信息，传递完可追溯信息后，在没有被抽检到的情况下你的收益函数为：

$$y_{ij} = 10 - x_{ij} + 0.4x_{ij} + 0.04\sum_{i=1}^{5} x_{ij} \quad (0 \leqslant x_{ij} \leqslant 10)$$

$1 \leqslant i \leqslant 5$，$2 \leqslant j \leqslant 6$（i 为每组的信息传递者，j 为轮数）。

在被抽检到的情况下你的收益函数为：

$$y_{ij} = 10 - x_{ij} + 0.4x_{ij} + 0.04\sum_{i=1}^{5} x_{ij} - 1.3(5 - x_{ij}) \quad (0 \leqslant x_{ij} < 5)$$

$$y_{ij} = 10 - 5 + 0.4 \times 5 + 0.04 \sum_{i=1}^{5} x_{ij} = 7 + 0.04 \sum_{i=1}^{5} x_{ij} \quad (x_{ij} = 5)$$

$$y_{ij} = 10 - x_{ij} + 0.4x_{ij} + 0.04 \sum_{i=1}^{5} x_{ij} + 0.9(x_{ij} - 5) \quad (5 < x_{ij} \leq 10)$$

$1 \leq i \leq 5$，$2 \leq j \leq 6$（i 为每组的信息传递者，j 为轮数）。

发给被试者的表格内容见表 2。

表 2　　　　　　　　　　　　信息传递者 i 的决策结果

轮次	实验币	其他收益	传递成本	收益
1	10			
2	10	$10 - x_{ij}$	x_{ij}	
3	10	$10 - x_{ij}$	x_{ij}	
4	10	$10 - x_{ij}$	x_{ij}	
5	10	$10 - x_{ij}$	x_{ij}	
6	10	$10 - x_{ij}$	x_{ij}	

信息传递者根据自己所做的决定将表格中的"其他收益"（即传递可追溯信息之外剩余的虚拟实验币）、"传递成本"两栏填入相应信息，填完后交给实验组织者。监管者在接下来的五轮实验中分别以 20%、40%、60%、80% 和 100% 的比例对信息传递者进行抽检。抽检方法为：将 5 名信息传递者进行编号（1~5 号），用标有 1~5 数字的卡片代表 5 名信息传递者，信息监管者在接下来的五轮实验中分别抽取 1、2、3、4、5 张卡片，抽到哪几张卡片就代表抽到卡片数字对应的信息传递者，信息监管者将对抽检到的信息传递者的信息传递情况进行检查并作出相应处罚或奖励。例如，在第三轮监管者将以 40% 的比例进行抽检，那么监管者将要从 5 张卡片中抽取两张，假如抽到 4 号和 5 号，那么信息监管者要对对应的 4 号和 5 号信息传递者进行信息检查并作出相应处罚或奖励。实验组织者将每名信息传递者的收益进行统计并填入相应表格，填完后该轮实验结束。

在整个试验中，每位信息传递者独立地做出传递可追溯信息决策，信息传递者做出决策依赖的信息有：（1）每个人知道自己的虚拟实验币数量、集体的总人数，知道每个人面临相同的的传递信息收益率、惩罚系数、奖励系数。（2）信息传递者知道每个人知道总共进行若干次决策，每次给的虚拟实验币数量是相同的。但不知道其他信息传递者的具体投资决策。（3）每个人的总收益等于若干次实验收益的总和。在下一次传递信息决策之前，信息传递者都能获得前几次实验的上述信息。

您对实验的说明和过程有什么问题吗？如果有问题，请举手提问，我们会走到您的座位前回答您的问题。

三、B组第一轮实验说明

欢迎参与食品可追溯信息传递的经济实验。本实验的经费由多个科研基金提供。如果你在实验说明所描述的规则下认真进行了决策，你将在实验中得到收入。你在实验中的所得将用实验币来计算。实验结束时，按照获得实验币的多少对被试者进行现金奖励。奖励额度依次为：40元、35元、30元、25元、20元。

实验开始前，先向大家介绍一下食品安全认证与追溯体系。食品安全认证是指由认证机构证明食品符合相关技术规范的要求或者标准的合格评定活动。目前，我国的农产品认证主要有无公害农产品、绿色食品和有机食品安全认证。食品安全追溯体系是建立在食品供应链上的一种信息查询系统，根据信息传播和控制的基本原理设计而成。这种体系从产品的生产、加工、流通到销售，每个环节都需要进行信息采集，让相关者特别是消费者能随时随地了解食品的来源和生产过程，包括生产过程中的各种细节，这使得食品生产过程中的信息变得客观而朗朗。传递可追溯信息的重要性：（1）保障消费者知情权。（2）及时发现问题根源，有效找到问题食品去向。（3）提高供应链的运行效率。（4）维护消费者健康，保证食品安全。（5）提高可追溯食品的价格。长远来看，有利于增加信息传递者的收益。

本实验共有5名参与者扮演食品可追溯信息传递者的角色。实验开始前，实验组织者向每名信息传递者分发一张问卷、一张表格和10枚虚拟实验币。问卷的内容是：

假如你是一名农户或一家农产品生产企业，加入食品可追溯体系之后，你会选择传递几条可追溯信息（假设现在一共10条可追溯信息）？请将你的答案在写发给你的表格中。

传递可追溯信息会花费信息传递者相应成本。该实验假定每传递一条可追溯信息需要花费 1 枚虚拟实验币。传递可追溯信息会为你带来一定收益，该实验假定传递可追溯信息的边际收益率为 0.4。此外，在第一轮结束时，你将获得该轮所有信息传递者投资总额的 β(0.04) 倍作为你的公共收益。

在实验开始前支付给信息传递者的总报酬为 0，在每一轮实验开始前给每个信息传递者 10 枚虚拟实验币，你可以决定分配多少枚虚拟实验币来传递可追溯信息。第一轮实验中如果你分配 x_i 枚实验币来传递可追溯信息，那么传递完可追溯信息后你的收益为：

$$y_i = 10 - x_i + 0.4x_i + 0.04 \sum_{i=1}^{5} x_i \quad (0 \leqslant x_i \leqslant 10)$$

发给被试者的表格内容见表 3。

表 3 信息传递者 i 的决策结果

轮次	实验币	其他收益	传递成本	收益
1	10	$10 - x_i$	x_i	
2	10			
3	10			
4	10			
5	10			
6	10			

实验开始时，信息传递者根据自己所做的决定将表格中的"其他收益"（即传递可追溯信息之外剩余的虚拟实验币）、"传递成本"两栏填入相应信息。填完后交给实验组织者，实验组织者将每名信息传递者的收益进行统计并填入相应表格，填完后该轮实验结束。

在整个试验中，每位信息传递者独立地做出传递可追溯信息决策，信息传递者做出决策依赖的信息有：（1）每个人知道自己的虚拟实验币数量、集体的总人数，知道每个人面临的传递信息收益率都是一样的。（2）信息传递者知道每个人知道总共进行若干次决策，每次给的虚拟实验币数量是相同的。但不知道其他被试者的具体投资决策。（3）每个人的总收益等于若干次实验收益的总和。在下一次传递信息决策之前，信息传递者都能获得前几次实验的上述信息。

您对实验的说明和过程有什么问题吗？如果有问题，请举手提问，我们会走到您的座位前回答您的问题。

四、B 组第二至第六轮实验说明

欢迎参与食品可追溯信息传递的经济实验。本实验的经费由多个科研基金提供。如果你在实验说明所描述的规则下认真进行了决策，你将在实验中得到收入。你在实验中的所得将用实验币来计算。实验结束时，按照获得实验币的多少对被试者进行现金奖励。奖励额度依次为：40 元、35 元、30 元、25 元、20 元。

实验开始前，先向大家介绍一下食品安全认证与追溯体系。食品安全认证是指由认证机构证明食品符合相关技术规范的要求或者标准的合格评定活动。目前，我国的农产品认证主要有无公害农产品、绿色食品和有机食品安全认证。食品安全追溯体系是建立在食品供应链上的一种信息查询系统，根据信息传播和控制的基本原理设计而成。这种体系从产品的生产、加工、流通到销售，每个环节都需要进行信息采集，让相关者特别是消费者能随时随地了解食品的来源和生产过程，包括生产过程中的各种细节，这使得食品生产过程中的信息变得客观而明朗。传递可追溯信息的重要性：（1）保障消费者知情权。（2）及时发现问题根源，有效找到问题食品去向。（3）提高供应链的运行效率。（4）维护消费者健康，保证食品安全。（5）提高可追溯食品的价格。长远来看，有利于增加信息传递者的收益。

本实验共有 6 名参与者参加，上一轮的 5 名参与者依然扮演食品可追溯信息传递者的角色，第 6 名被试者扮演监管者的角色。实验开始前，实验组织者向每名信息传递者分发一张问卷和一张表格和 10 枚虚拟实验币。问卷的内容是：

假如你是一名农户或一家农产品生产企业，加入食品可追溯体系之后，你会选择传递几条可追溯信息（假设现在一共 10 条可追溯信息）？请将你的答案在写发给你的表格中。

传递可追溯信息会花费信息传递者相应成本。该实验假定每传 1 条可追溯信息需要花费 1 枚虚拟实验币。传递可追溯信息会为你带来一定收益，该实验假定传递可追溯信息收益率为 0.4。监管部门若发现信息传递者 5 条可追溯信息不会对其进行处罚，但若发现传递可追溯信息数低于 5 条会对其进行惩罚，该实验中假定不传递可追溯信息的惩罚指数为 1.3，即若发现信息传递者每少传递 1 条可追溯信息，监管者将会对其做出扣除 1.3 枚虚拟实验币的惩罚。若传递可追溯信息数多于 5 条会对信息传递者进行奖励，该实验中假定传递可追溯信息的奖励系数为 0.9，即若发现信息传递者传递 5 条可追溯信息后每多传递 1 条可追溯信息，监管者将会对其做出给予 0.9 枚虚拟实验币的奖励。此外，在每一轮结束时，你将获得该轮所有信息传递者投资总额的 $\beta(0.04)$ 倍作为你的公共收益。

在实验开始前支付给信息传递者的总报酬为 0，在每一轮实验开始前给每个信息传递者 10 枚虚拟实验币，你可以决定分配多少枚虚拟实验币来传递可追溯信息。该轮实验中如果你分配 x_i 枚实验币来传递可追溯信息，传递完可追溯信息后，在没有被抽检到的情况下你的收益函数为：

$$y_{ij} = 10 - x_{ij} + 0.4x_{ij} + 0.04\sum_{i=1}^{5}x_{ij} \quad (0 \leq x_{ij} \leq 10)$$

$1 \leq i \leq 5$，$2 \leq j \leq 6$（i 为每组的信息传递者，j 为轮数）。

在被抽检到的情况下你的收益函数为：

$$y_{ij} = 10 - x_{ij} + 0.4x_{ij} + 0.04\sum_{i=1}^{5}x_{ij} - 1.3(5 - x_{ij}) \quad (0 \leq x_{ij} < 5)$$

$$y_{ij} = 10 - 5 + 0.4 \times 5 + 0.04\sum_{i=1}^{5}x_{ij} = 7 + 0.04\sum_{i=1}^{5}x_{ij} \quad (x_{ij} = 5)$$

$$y_{ij} = 10 - x_{ij} + 0.4x_{ij} + 0.04\sum_{i=1}^{5}x_{ij} + 0.9(x_{ij} - 5) \quad (5 < x_{ij} \leq 10)$$

$1 \leq i \leq 5$，$2 \leq j \leq 6$（i 为每组的信息传递者，j 为轮数）。

发给被试者的表格内容见表 4。

表4　　　　　　　　　　　信息传递者 i 的决策结果

轮次	实验币	其他收益	传递成本	收益
1	10			
2	10	$10 - x_{ij}$	x_{ij}	
3	10	$10 - x_{ij}$	x_{ij}	

续表

轮次	实验币	其他收益	传递成本	收益
4	10	$10 - x_{ij}$	x_{ij}	
5	10	$10 - x_{ij}$	x_{ij}	
6	10	$10 - x_{ij}$	x_{ij}	

信息传递者根据自己所做的决定将表格中的"其他收益"（即传递可追溯信息之外剩余的虚拟实验币）、"传递成本"两栏填入相应信息，填完后交给实验组织者。监管者在接下来的五轮实验中分别以20%、40%、60%、80%和100%的比例对信息传递者进行抽检。抽检方法为：将5名信息传递者进行编号（1~5号），用标有1~5数字的卡片代表5名信息传递者，信息监管者在接下来的五轮实验中分别抽取1、2、3、4、5张卡片，抽到哪几张卡片就代表抽到卡片数字对应的信息传递者，信息监管者将对抽检到的信息传递者的信息传递情况进行检查并作出相应处罚或奖励。例如，在第三轮监管者将以40%的比例进行抽检，那么监管者将要从5张卡片中抽取两张，假如抽到4号和5号，那么信息监管者要对对应的4号和5号信息传递者进行信息检查并作出相应处罚或奖励。实验组织者将每名信息传递者的收益进行统计并填入相应表格，填完后该轮实验结束。

在整个试验中，每位信息传递者独立地做出传递可追溯信息决策，信息传递者做出决策依赖的信息有：（1）每个人知道自己的虚拟实验币数量、集体的总人数，知道每个人面临相同的的传递信息收益率、惩罚系数、奖励系数。（2）信息传递者知道每个人知道总共进行若干次决策，每次给的虚拟实验币数量是相同的。但不知道其他信息传递者的具体投资决策。（3）每个人的总收益等于若干次实验收益的总和。在下一次传递信息决策之前，信息传递者都能获得前几次实验的上述信息。

您对实验的说明和过程有什么问题吗？如果有问题，请举手提问，我们会走到您的座位前回答您的问题。

五、C组第一轮实验说明

欢迎参与食品可追溯信息传递的经济实验。本实验的经费由多个科研基金提供。如果你在实验说明所描述的规则下认真进行了决策，你将在实验中得到收入。你在实验中的所得将用实验币来计算。实验结束时，按照获得实验币的多少对被试者进行现金奖励。奖励额度依次为：40 元、35 元、30 元、25 元、20 元。

本实验共有 6 名参与者扮演食品可追溯信息传递者的角色。实验开始前，实验组织者向每名信息传递者分发一张问卷、一张表格和 10 枚虚拟实验币。问卷的内容是：

假如你是一名农户或一家农产品生产企业，加入食品可追溯体系之后，你会选择传递几条可追溯信息（假设现在一共 10 条可追溯信息）？请将你的答案在写发给你的表格中。

传递可追溯信息会花费信息传递者相应成本。该实验假定每传递 1 条可追溯信息需要花费一枚虚拟实验币。传递可追溯信息会为你带来一定收益，该实验假定传递可追溯信息的边际收益率为 0.4。此外，在第一轮结束时，你将获得该轮所有信息传递者投资总额的 β(0.04) 倍作为你的公共收益。

在实验开始前支付给信息传递者的总报酬为 0，在每一轮实验开始前给每个信息传递者 10 枚虚拟实验币，你可以决定分配多少枚虚拟实验币来传递可追溯信息。第一轮实验中如果你分配 x_i 枚实验币来传递可追溯信息，那么传递完可追溯信息后你的收益为：

$$y_i = 10 - x_i + 0.4x_i + 0.04 \sum_{i=1}^{5} x_i \quad (0 \leqslant x_i \leqslant 10)$$

发给被试者的表格内容见表 5。

表 5　　　　　　　　　　　信息传递者 i 的决策结果

轮次	实验币	其他收益	传递成本	收益
1	10	$10 - x_i$	x_i	
2	10			
3	10			
4	10			
5	10			
6	10			

实验开始时，信息传递者根据自己所做的决定将表格中的"其他收益"（即传递可追溯信息之外剩余的虚拟实验币）、"传递成本"两栏填入相应信息。填完后交给实验组织者，实验组织者将每名信息传递者的收益进行统计并填入相应表格，填完后该轮实验结束。

在整个试验中，每位信息传递者独立地做出传递可追溯信息决策，信息传递者做出决策依赖的信息有：（1）每个人知道自己的虚拟实验币数量、集体的总人数，知道每个人面临的传递信息收益率都是一样的。（2）信息传递者知道每个人知道总共进行若干次决策，每次给的虚拟实验币数量是相同的。但不知道其他被试者的具体投资决策。（3）每个人的总收益等于若干次实验收益的总和。在下一次传递信息决策之前，信息传递者都能获得前几次实验的上述信息。

您对实验的说明和过程有什么问题吗？如果有问题，请举手提问，我们会走到您的座位前回答您的问题。

六、D组六轮实验说明

欢迎参与食品可追溯信息传递的经济实验。本实验的经费由多个科研基金提供。如果你在实验说明所描述的规则下认真进行了决策，你将在实验中得到收入。你在实验中的所得将用实验币来计算。实验结束时，按照获得实验币的多少对被试者进行现金奖励。奖励额度依次为：40元、35元、30元、25元、20元。

实验开始前，先向大家介绍一下食品安全认证与追溯体系。食品安全认证是指由认证机构证明食品符合相关技术规范的要求或者标准的合格评定活动。目前，我国的农产品认证主要有无公害农产品、绿色食品和有机食品安全认证。食品安全追溯体系是建立在食品供应链上的一种信息查询系统，根据信息传播和控制的基本原理设计而成。这种体系从产品的生产、加工、流通到销售，每个环节都需要进行信息采集，让相关者特别是消费者能随时随地了解食品的来源和生产过程，包括生产过程中的各种细节，这使得食品生产过程中的信息变得客观而明朗。传递可追溯信息的重要性：（1）保障消费者知情权。（2）及时发现问题根源，有效找到问题食品去向。（3）提高供应链的运行效率。（4）维护消费者健康，保证食品安全。（5）提高可追溯食品的价格。长远来看，有利于增加信息传递者的收益。

本实验共有6名参与者扮演食品可追溯信息传递者的角色。实验开始前，实验组织者向每名信息传递者分发一张问卷、一张表格和10枚虚拟实验币。

问卷的内容是：

假如你是一名农户或一家农产品生产企业，加入食品可追溯体系之后，你会选择传递几条可追溯信息（假设现在一共 10 条可追溯信息）？请将你的答案在写发给你的表格中。

传递可追溯信息会花费信息传递者相应成本。该实验假定每传递 1 条可追溯信息需要花费一枚虚拟实验币。传递可追溯信息会为你带来一定收益，该实验假定传递可追溯信息的边际收益率为 0.4。此外，在第一轮结束时，你将获得该轮所有信息传递者投资总额的 β(0.04) 倍作为你的公共收益。

在实验开始前支付给信息传递者的总报酬为 0，在每一轮实验开始前给每个信息传递者 10 枚虚拟实验币，你可以决定分配多少枚虚拟实验币来传递可追溯信息。第一轮实验中如果你分配 x_i 枚实验币来传递可追溯信息，那么传递完可追溯信息后你的收益为：

$$y_i = 10 - x_i + 0.4x_i + 0.04 \sum_{i=1}^{5} x_i \quad (0 \leqslant x_i \leqslant 10)$$

发给被试者的表格内容见表 6。

表 6   **信息传递者 i 的决策结果**

轮次	实验币	其他收益	传递成本	收益
1	10	$10 - x_i$	x_i	
2	10			
3	10			
4	10			
5	10			
6	10			

实验开始时，信息传递者根据自己所做的决定将表格中的"其他收益"（即传递可追溯信息之外剩余的虚拟实验币）、"传递成本"两栏填入相应信息。填完后交给实验组织者，实验组织者将每名信息传递者的收益进行统计并填入相应表格，填完后该轮实验结束。

在整个试验中，每位信息传递者独立地做出传递可追溯信息决策，信息传递者做出决策依赖的信息有：（1）每个人知道自己的虚拟实验币数量、集体的总人数，知道每个人面临的传递信息收益率都是一样的。（2）信息传递者知道每个人知道总共进行若干次决策，每次给的虚拟实验币数量是相同的。但不知道其他被试者的具体投资决策。（3）每个人的总收益等于若干次实验收益的总和。在下一次传递信息决策之前，信息传递者都能获得前几次实验的上述信息。

您对实验的说明和过程有什么问题吗？如果有问题，请举手提问，我们会走到您的座位前回答您的问题。

七、实验信息表

实验信息表见表 7 和表 8。

表 7　　　　　　　　　　　第一轮实验信息表

实验问题：假如你是一名农户或一家农产品生产企业，加入食品安全追溯体系之后，你会选择传递几条可追溯信息（假设现在一共 10 条可追溯信息）？请将你的答案在写发给你的表格中。

决策依据：传递可追溯信息会花费信息传递者相应成本。假定每传递一条可追溯信息需要花费 1 枚虚拟实验币。传递可追溯信息会为你带来一定收益，假定传递可追溯信息的边际收益率为 $\alpha = 0.4$。此外，在第一轮结束时，你将获得该轮所有信息传递者投资总额的 $\beta(0.04)$ 倍作为你的公共收益[①]，且 $\beta < \alpha$[②]。

收益函数：在实验开始前支付给信息传递者的总报酬为 0，在每一轮实验开始前给每个信息传递者 10 枚虚拟实验币，你可以决定分配多少枚虚拟实验币来传递可追溯信息。第一轮实验中如果你分配 x_i 枚实验币来传递可追溯信息，那么传递完可追溯信息后你的收益为：

$$y_i = 10 - x_i + 0.4x_i + 0.04 \sum_{i=1}^{5} x_i \quad (0 \leqslant x_i \leqslant 10)$$

注：①可追溯信息具有私人物品和公共物品的双重属性。短期来看，信息传递者传递可追溯信息时，自我价值的实现、承担社会责任的满足感，以及传递可追溯信息所带来的直接收益和社会评价都可以作为信息传递者的私人收益，因此可追溯信息具有私人物品的属性。长期来看，如果信息传递者普遍自觉传递可追溯信息，保障食品安全的社会风气就会越来越好，消费者也就越来越认可可追溯食品，可追溯食品价格提升，最终有利于增加信息传递者的收益，这部分收益可以作为信息传递者的公共收益。因此可追溯信息具有公共物品的属性。在无监管环境下，每轮信息传递者的收益函数应该包括私人收益和公共收益两部分。

②α 表示可追溯信息作为私人物品对个人的边际收益率。β 表示在长期里，社会普遍传递可追溯信息时，信息传递者获得的公共边际收益率。因为 β 是在长期的以后发生且取决于其他信息传递者，因此其取值必然小于短期内私人边际收益率。即 $\beta < \alpha$。此外，由于 $\frac{\partial y_{ij}}{\partial x_{ij}} = -1 + \alpha + \beta < 0$，即传递可追溯信息给个人带来的边际效益为负（也就是说只要被试者传递可追溯信息，就要付出成本且短期内该成本大于传递可追溯信息所带来的收益），所以信息传递者采取不传递任何可追溯信息策略对于被试者来说是占优行动。

表8	第二轮实验信息表

实验问题：假如你是一名农户或一家农产品生产企业，加入食品安全追溯体系之后，你会选择传递几条可追溯信息（假设现在一共10条可追溯信息）？请将你的答案写在发给你的表格中。

决策依据：传递可追溯信息会花费信息传递者相应成本。该实验假定每传递1条可追溯信息需要花费1枚虚拟实验币。传递可追溯信息会为你带来一定收益，该实验假定传递可追溯信息收益率为$\alpha = 0.4$。监管部门若发现信息传递者5条可追溯信息不会对其进行处罚，但若发现传递可追溯信息数低于5条会对其进行惩罚，该实验中假定不传递可追溯信息的惩罚指数为$\pi = 1.3$，即若发现信息传递者每少传递1条可追溯信息，监管者将会对其做出扣除1.3枚虚拟实验币的惩罚。若传递可追溯信息数多于5条会对信息传递者进行奖励，该实验中假定传递可追溯信息的奖励系数为$\pi = 0.9$，即若发现信息传递者传递5条可追溯信息后每多传递1条可追溯信息，监管者将会对其做出给予0.9枚虚拟实验币的奖励。此外，在每一轮结束时，你将获得该轮所有信息传递者投资总额的$\beta(0.04)$倍作为你的公共收益。

收益函数：在实验开始前支付给信息传递者的总报酬为0，在每一轮实验开始前给每个信息传递者10枚虚拟实验币，你可以决定分配多少枚虚拟实验币来传递可追溯信息。该轮实验中如果你分配x_i枚实验币来传递可追溯信息，传递完可追溯信息后，在没有被抽检到的情况下你的收益函数为：

$$y_{ij} = 10 - x_{ij} + 0.4x_{ij} + 0.04 \sum_{i=1}^{5} x_{ij} \qquad (0 \leqslant x_{ij} \leqslant 10)$$

$1 \leqslant i \leqslant 52 \leqslant j \leqslant 6$（i为每组的信息传递者，j为轮数）

在被抽检到的情况下你的收益函数为：

$$y_{ij} = (10 - x_{ij}) + 0.4 \times x_{ij} + 0.04 \times \sum_{i=1}^{5} x_{ij} + \pi(x_{ij} - 5)\, 0 \leqslant x_{ij} \leqslant 5,\ \pi = 1.3;\ 5 < x_{ij} \leqslant 10,\ \pi = 0.9$$

实验设计 2

一、实验说明

感谢各位同学到场。你现在参加的是一个有真实货币报酬的经济学/博弈实验。实验中你的收益由你和其他参与人的决策共同决定，用 G＄（Game Dollar）表示，实验结束后按照一定的规则将 G＄折算为现金支付给你。只要你认真地根据要求做出自己的选择，你将获得较为丰厚的报酬。下面的实验说明将会为你介绍实验背景知识、概述及步骤，这些信息对你的决策和收益很重要，请仔细阅读，不要私下交流，有任何疑问请举手示意。大家务必保证对实验的充分理解。

（一）实验背景知识

食品安全认证是指由认证者证明某种食品符合相关技术规范、相关技术规范的强制性要求或者标准的合格评定活动，食品通过认证机构认证后可以使用认证机构制定的认证标识。本研究中的食品安全认证主要指无公害食品认证、绿色食品认证和有机食品认证。

食品可追溯是指利用已记录的标记可以追溯食品的历史、应用情况、所处场所等情况的能力。食品可追溯体系的建立、数据收集包涵整个食品生产链的全过程，从原材料产地信息、产品加工过程、直到终端客户的各个环节，食品可追溯系统能够为消费者提供准确详细的有关食品的信息。实施可追溯管理的一个重要方法是在产品上粘贴可追溯性标签，通过标签中的可追溯码，可方便地到食品数据库中查找有关食品的详细信息，通过可追溯性标签也可帮助生产者确定产品的流向，便于对产品进行追踪和管理。

（二）实验概述

本实验有两类参与者：认证者和生产者。另外，外部监管者由计算机扮演。认证者分为第一类和第二类，其职责是对生产者进行监管，以使生产者生产的食品符合安全认证标准；生产者是基本同质的，需要做出生产决策及监管应对决策，以实现自己的收益。

所有的生产者，你所生产的食品已经通过食品安全认证，可以使用安全认证食品标识，并且你的产品是可追溯的。市场上带有可追溯码的食品可分为两类，见表1。其中，P_1表示市场中的同类食品，如果有安全认证食品标识，则相对于没有安全认证食品标识的食品有P_1的溢价。

表1　　　　　　　　　　　市场上的可追溯食品类型及市场价

类别	第一类 带可追溯码并且有安全认证食品标识	第二类 带可追溯码但没有安全认证食品标识
市场价	$(P + P_1)$	P

在实际生产过程中，生产者有两种选择，一种是完全按照安全认证标准进行生产，生产的食品可追溯并且符合安全认证标准（称为A类食品）；另一种是不完全按照安全认证标准进行生产，生产的食品可追溯但不符合安全认证标准（称为B类食品，此时生产者能够以较低的成本获得安全认证食品标识带来的溢价）。而在销售时，所有生产者都有安全认证食品标识使用资格，同时又都带有可追溯码，因此，不管生产者实际上生产的食品是A类还是B类，均按照带可追溯码并且有安全认证食品标识（第一类）的食品来销售。生产者生产食品类型、成本及销售价见表2。其中，C_1表示生产者为使食品符合安全认证标准，需要额外付出的成本。

表2　　　　　　　　　　生产者生产食品类型、成本及销售价

类别	A类 可追溯并且符合安全认证标准	B类 可追溯但不符合安全认证标准
成本	$(C + C_1)$	C
销售价	$(P + P_1)$	

认证者在一个认证有效期内有一定量的管理认证相关事务的费用，主要用作认证人员的工资和跟踪检查的监管成本。对于第一类认证者来说，这个管理费用与客户数量无关，其额度为G。第二类认证者的管理费用与客户数

量有关，直接来自于认证者对生产者收取的费用，因此，当第二类认证者取消生产者安全认证食品标识使用资格时，认证者在本认证有效期或后续认证有效期的费用收取将受到一定损失。

第二类认证者对生产者收费如下：在一个认证有效期内生产者向认证者缴纳获取证书的基本费用 c_f，保持证书的费用 c_v，即一个认证有效期内认证者向单个生产者收取费用（$c_f + c_v$），向所有生产者收取的费用为（$c_f + c_v$）×X。

无论是第一类认证者认证还是第二类认证者认证，在一个认证有效期内生产者向认证者缴纳的费用已包含在各类食品的成本之内，不再另外扣减。

第一类认证者和第二类认证者都要做出监管决策，认证者需要做出如下选择：（1）选择监管或不监管。（2）如果选择监管，针对不符合安全认证标准食品（此处考虑的不符合安全认证标准情节较为严重，属于需取消安全认证标识使用资格的范围），选择取消或不取消生产者的安全认证食品标识使用资格。（3）如果选择监管，认证者需将管理费用中的一部分作为对所有生产者的监管成本，第一类认证者投入监管成本为 ηG，第二类认证者投入监管成本为 $\theta(c_f + c_v) \times X$，可以对违规生产者的罚款额度都为 $\omega(C_1 + P_1)$，表示惩罚力度与生产者违规所得（食品不符合安全认证标准所节省的成本与安全认证标识所带来的溢价之和）成正比，此外，当取消生产者安全认证食品标识使用资格时，第二类认证者将损失 $c_v \times E_B$，其中 E_B 表示因生产 B 类产品而被取消安全认证食品标识使用资格的生产者数，$c_v \times E_B$ 的含义为由于取消了生产者的安全认证食品标识使用资格，第二类认证者在本认证有效期或后续认证有效期的费用收取将受到一定损失。（4）如果选择不取消生产者食品的安全认证标识使用资格，那么可能选择与生产者分利或对其罚款，此时认证者需要决定一个接受分利的最小收益值 $t [t < (C_1 + P_1)]$ 表示认证者希望生产者至少支付多少，认证者会同意不取消违规生产者的安全认证食品标识使用资格，并决定一个罚款金额 $s = \beta\omega(C_1 + P_1) [\beta > 1, s < (C_1 + P_1)]$，如果生产者寻求与认证者分利，并且愿意支付足够高的分利金，即分利金大于等于 t，则认证者接受与生产者分利，此时分利成功；如果生产者不寻求分利或不愿意支付足够高的分利金，即分利金小于 t，则认证者对违规生产者采取

罚款 s，此时分利失败（如果生产者都生产 A 类食品，就不需要考虑分利成功/失败）。（5）认证者的监管行为分为不监管、有效监管、无效监管，有效监管是指对生产不符合安全认证标准食品的生产者取消其安全认证食品标识使用资格并罚款；无效监管是指对生产不符合安全认证标准食品的生产者不取消其安全认证食品标识使用资格。认证者监管选择、监管成本、惩罚力度见表 3。

表3　　　　　　　认证者监管选择、监管成本、惩罚力度及监管损失

第一类认证者或第二类认证者	监管			不监管
	针对不符合安全认证标准食品（B类）			—
	取消安全认证食品标识使用资格并罚款	不取消		
		共谋	超额罚款	
监管成本	ηG 或 $\theta(c_f' + c_v) \times X$			0
惩罚额度	$\omega(C_1 + P_1)$	t	s	0
监管损失	0 或 $c_v \times E_B$	0		0

　　生产者根据销售价、成本、监管环境等因素决定实际生产食品的类型（A 类或 B 类），生产者生产不符合安全认证标准食品（生产 B 类）时，如果认证者进行有效监管，则生产者受到相应的惩罚，同时，生产者还要承担因被取消安全认证食品标识而遭受的损失 P_1（安全认证食品标识带来的溢价）。因此，为避免巨大的损失，生产不符合安全认证标准食品（B 类）的生产者可能寻求与认证者分利，假设生产者愿意支付 $t' = \alpha(C_1 + P_1)(0 < \alpha < 1)$ 作为认证者不取消其安全认证食品标识使用资格的代价，$\alpha(C_1 + P_1)$ 的含义为生产者违规所得的一部分。如果 $t' \geq t$，则分利成功，分利金为 t；如果 $t' < t$，则分利失败，认证者对生产者超额罚款 s（如果认证者有效监管，就不需要考虑分利成功或失败的问题）。假设 H 为分利成功的生产者数，I 为分利失败的生产者数。

　　外部监管者对生产者监督的概率为 p，监督能够发现生产者是否违规，当发现生产者生产不符合安全认证标准食品（即生产 B 类食品）时，如果认

证者已经对生产者进行有效监管，此时外部监管者无须做任何的惩罚；如果
认证者没有对生产者进行有效监管，即不监管或监管无效（对生产不符合安
全认证标准食品的生产者不取消其安全认证标识使用资格），此时外部监管
者发挥监管作用。首先，对生产者惩罚 $\omega(C_1 + P_1)$，生产者不但要承担外部
监管的惩罚，同时还将损失安全认证食品标识带来的溢价 P_1；其次，如果可
追溯信息记录了认证责任人信息，当生产者生产不符合安全认证标准食品
（B 类）但使用了安全认证食品标识时，外部监管力量能够根据可追溯信息查
找认证责任人并对认证责任人进行惩罚，假设惩罚力度为 U'，如果有非法所
得（t 或 s），没收非法所得，同时勒令认证者取消生产者的安全认证食品标
识使用资格。

　　认证者和生产者在各种监管情况及生产情况下的收益函数见表 4 和表 5。
各符号含义及参数取值见表 6。参数取值后认证者和生产者在各种监管情况
及生产情况下的收益分别见表 7 至表 10。

表 4　　　　　　　　　认证者在各种监管情况及生产情况下的收益函数

	是否监管	是否有效	最终监管能否追责	第一类认证者收益	第二类认证者收益
认证者	监管	有效	—	$G - \eta G + \omega(C_1 + P_1) \times E_B$	$(c_f + c_v) \times X - \theta(c_f + c_v) \times X - c_v \times E_B + \omega(C_1 + P_1) \times E_B$
		无效	未发现或不能追责	$G - \eta G + t \times H + s \times I$	$(c_f + c_v) \times X - \theta(c_f + c_v) \times X + t \times H + s \times I$
			发现并能够追责	$G - \eta G - U'$	$(c_f + c_v) \times X - \theta(c_f + c_v) \times X - U' - c_v \times E_B$
	不监管	—	未发现或不能追责	G	$(c_f + c_v) \times X$
			发现并能够追责	$G - U'$	$(c_f + c_v) \times X - U' - c_v \times E_B$

表5 生产者在各种监管情况及生产情况下的收益函数

生产食品类型			认证者监管	最终监管	生产者收益
A 类			—	—	$(P+P_1)-(C+C_1)$
B 类	寻求共谋	监管	有效	—	$(P+P_1)-C-\alpha(C_1+P_1)-\omega(C_1+P_1)-P_1$
			无效 共谋成功	发现违规	$(P+P_1)-C-t-\omega(C_1+P_1)-P_1$
				未发现违规	$(P+P_1)-C-t$
			无效 共谋失败	发现违规	$(P+P_1)-C-s-\omega(C_1+P_1)-P_1$
				未发现违规	$(P+P_1)-C-s$
		不监管		发现违规	$(P+P_1)-C-\omega(C_1+P_1)-P_1$
				未发现违规	$(P+P_1)-C$
	不寻求共谋	监管	有效	—	$(P+P_1)-C-\omega(C_1+P_1)-P_1$
			无效	发现违规	$(P+P_1)-C-s-\omega(C_1+P_1)-P_1$
				未发现违规	$(P+P_1)-C-s$
		不监管		发现违规	$(P+P_1)-C-\omega(C_1+P_1)-P_1$
				未发现违规	$(P+P_1)-C$

表6 各符号含义及参数取值

符号	符号含义、参数取值
X	参与食品安全认证的生产者数，$X=5$
P	带可追溯码但没有安全认证食品标识的食品市场价，$P=160$
P_1	有安全认证食品标识相对于没有安全认证食品标识食品的溢价，$P_1=40$
C	可追溯但不符合安全认证标准食品的成本，$C=110$
C_1	生产者为使食品符合安全认证标准需要额外付出的成本，$C_1=40$
G	第一类认证者的管理费用，$G=50$
c_f	一个认证有效期内生产者向第二类认证者缴纳获取证书的基本费用，$c_f=5$
c_v	一个认证有效期内生产者向第二类认证者缴纳保持证书的费用，$c_v=5$
ηG	第一类认证者监管需投入成本，$\eta G=40\%\times50=20$
$\theta(c_f+c_v)\times X$	第二类认证者监管需投入成本，$\theta(c_f+c_v)\times X=40\%\times(5+5)\times5=20$
$\omega(C_1+P_1)$	可以对生产不符合安全认证标准食品生产者罚款的额度，$\omega(C_1+P_1)=1/8\times(40+40)=10$

续表

符号	符号含义、参数取值
$c_v \times E_B$	取消生产者安全认证食品标识使用资格第二类认证者的损失，$c_v \times E_B = 5 \times E_B$
P	最终监管者对生产者抽检的概率，$P = 20\%$
U'	最终监管者根据可追溯信息查找到认证责任人时的惩罚，$U' = 20$

表 7　　　　参数取值后认证者在各种监管情况及生产情况下的收益

	是否监管	是否有效	最终监管能否追责	第一类认证者收益	第二类认证者收益
认证者	监管	有效	—	$50 - 20 + 10 \times E_B$	$50 - 20 - 5 \times E_B + 10 \times E_B$
		无效	未发现或不能追责	$50 - 20 + t \times H + s \times I$	$50 - 20 + t \times H + s \times I$
			发现并能够追责	$50 - 20 - 20$	$50 - 20 - 20 - 5 \times E_B$
	不监管	—	未发现或不能追责	50	50
			发现并能够追责	$50 - 20$	$50 - 20 - 5 \times E_B$

注：1. 最终监管者对生产者抽检的概率 $P = 20\%$；2. E_B 表示因生产 B 类产品而被取消安全认证食品标识使用资格的生产者数；3. t 表示认证者希望生产者至少支付多少，认证者会同意与生产者分利，如果生产者不寻求分利或不愿意支付足够高的分利金，即生产者愿意支付的分利金 t' 小于 t，则认证者对生产者采取罚款 s；4. H 为分利成功的生产者数，I 为分利失败的生产者数（$t' \geq t$ 则分利成功；$t' < t$ 则分利失败）。

表 8　　参数取值后生产者在各种监管情况及生产情况下的收益（简化版）

	是否监管	是否有效	最终监管能否追责	第一类认证者收益	第二类认证者收益
认证者	监管	有效	—	$30 + 10 \times E_B$	$30 + 5 \times E_B$
		无效	未发现或不能追责	$30 + t \times H + s \times I$	$30 + t \times H + s \times I$
			发现并能够追责	10	$10 - 5 \times E_B$
	不监管	—	未发现或不能追责	50	50
			发现并能够追责	30	$30 - 5 \times E_B$

注：1. 最终监管者对生产者抽检的概率 $P = 20\%$；2. E_B 表示因生产 B 类产品而被取消安全认证食品标识使用资格的生产者数；3. t 表示认证者希望生产者至少支付多少，认证者会同意与生产者分利，如果生产者不寻求分利或不愿意支付足够高的分利金，即生产者愿意支付的分利金 t' 小于 t，则认证者对生产者采取罚款 s；4. H 为分利成功的生产者数，I 为分利失败的生产者数（$t' \geq t$ 则分利成功；$t' < t$ 则分利失败）。

表9 参数取值后生产者在各种监管情况及生产情况下的收益

生产食品类型		认证者监管			最终监管	生产者收益
A 类		—			—	$200 - 150$
B 类	寻求分利	监管	有效		—	$200 - 110 - t' - 10 - 40$
			无效	分利成功	发现违规	$2000 - 110 - t - 10 - 40$
					未发现违规	$200 - 1100 - t$
				分利失败	发现违规	$200 - 110 - s - 10 - 40$
					未发现违规	$200 - 110 - s$
		不监管			发现违规	$200 - 110 - 10 - 40$
					未发现违规	$200 - 110$
	不寻求分利	监管	有效		—	$200 - 110 - 10 - 40$
			无效		发现违规	$200 - 110 - s - 10 - 40$
					未发现违规	$200 - 110 - s$
		不监管			发现违规	$200 - 110 - 10 - 40$
					未发现违规	$200 - 110$

注：1. 最终监管者对生产者抽检的概率 $p = 20\%$；2. t' 是生产者愿意支付的分利金，作为认证者不取消其安全认证食品标识使用资格的代价，是生产者违规生产所得的一部分；3. t 表示认证者希望生产者至少支付多少，认证者会同意与生产者分利，如果生产者不寻求分利或不愿意支付足够高的分利金，即生产者愿意支付的分利金 t' 小于 t，则认证者对生产者采取罚款 $s(t' \geq t$ 则分利成功；$t' < t$ 则分利失败)。

表10 参数取值后生产者在各种监管情况及生产情况下的收益（简化版）

生产食品类型		认证者监管			最终监管	生产者收益
A 类		—			—	50
B 类	寻求分利	监管	有效		—	$40 - t'$
			无效	分利成功	发现违规	$40 - t$
					未发现违规	$90 - t$
				分利失败	发现违规	$40 - s$
					未发现违规	$90 - s$
		不监管			发现违规	40
					未发现违规	90

续表

生产食品类型		认证者监管		最终监管	生产者收益
B类	不寻求分利	监管	有效	—	40
			无效	发现违规	40 - s
				未发现违规	90 - s
		不监管		发现违规	40
				未发现违规	90

注：1. 最终监管者对生产者抽检的概率 p = 20%；2. t′是生产者愿意支付的分利金，作为认证者不取消其安全认证食品标识使用资格的代价，是生产者违规生产所得的一部分；3. t 表示认证者希望生产者至少支付多少，认证者会同意与生产者分利，如果生产者不寻求分利或不愿意支付足够高的分利金，即生产者愿意支付的分利金 t′小于 t，则认证者对生产者采取罚款 s(t′ ≥ t 则分利成功；t′ < t 则分利失败)。

二、实验运行规则与实施步骤

参与者随机分为Ⅰ、Ⅱ、Ⅲ、Ⅳ四个组，每个组中随机选择一位参与者作为认证者，其余五位参与者均为生产者（随机分组方法：参与者报数 1~4，数6轮，数1的为Ⅰ组、数2的为Ⅱ组、数3的为Ⅲ组、数4的为Ⅳ组，最后一轮报数的四位参与者作为各组的认证者），参与者类别确定之后不再变化。四个实验组中，Ⅰ组、Ⅱ组中的认证者为第一类认证者，Ⅲ组、Ⅳ组中的认证者为第二类认证者。

实验一共进行22期。前2期是练习阶段，收益不参与最终的支付计算。后20期为正式实验阶段，正式实验阶段分为两个阶段，前10期为第一阶段，在第一阶段中，外部监管者以20%的概率（即每轮在每组中抽检一个生产者）对生产者进行监督，并在认证者不监管或监管无效时对违规生产者进行惩罚，但是不能追究认证者的责任；后10期为第二阶段，在第二阶段中，外部监管者依然以20%的概率对生产者抽检，在认证者不监管或监管无效时对违规生产者进行惩罚，并且能够追究认证者的责任。

在具体的行动过程中，认证者可以做出的选择如下：（1）选择监管或不监管；（2）如果选择监管，是否取消生产不符合安全认证标准食品生产者的安全认证标识使用资格；（3）如果选择不取消生产者的安全认证食品标识使用资格，需要决定一个接受分利的最小收益值 t（t 表示认证者希望生产者至少支付多少，认证者会同意不取消生产者的安全认证标识使用资格），并决定一个罚款金额 s。其中，t<80 且 s<80（关于 t 和 s 填写的额外说明：t 和 s 由认证者在取值范围内自行决定，认证者需要注意的是，你需要考虑生产者的反应，如果你的选择过于极端，那么可能影响下一轮中生产者的决策，从而影响你的收益）。

生产者需要做的决策包括：（1）决定实际生产食品的类型（A 类或 B 类）；（2）生产者生产 B 类食品时，选择分利或不分利；（3）如果选择分利，决定分利金额 t'（t'，表示如果生产者生产了不符合安全认证标准食品，当认证者监管发现时，生产者愿意支付多少以使认证者不取消其安全认证标识使用资格）。

步骤：（1）认证者与生产者各自做出决策并填写表格（填写表格时根据自己的判断进行填写，请不要与别的参与者交流）；（2）组织者收集生产者的决策表格，交给认证者，认证者进行记录；（3）组织者向各组成员宣布认证者的决策，各组生产者自行记录；（4）记录完成后，实验组织者向认证者和生产者宣布外部监管者抽查结果，被抽检的生产者（或被追责的认证者）自行记录；（5）各方根据表格上的行动组合，查看相应表格并计算收益，一期实验结束；（6）每五期结束后，将各参与者总收益进行通报；（7）前 10 期完成之后，再次说明实验第二阶段与第一阶段的不同；（8）20 期试验结束，计算收益并支付报酬，回收所有材料，试验结束。

实验报酬说明：你现在参加的是一个有真实货币报酬的经济学/行为博弈实验。实验中你的收益由你和其他参与人的决策共同决定，用 G$（Game Dollar）表示，实验结束后按照一定的规则将 G$ 折算为现金支付给你。

支付规则如下：（1）你和你的同组参与者是博弈关系，因此你们的收益相互依赖，收益的高低不但取决于你的决策，而且与同组其他参与者的决策相关；（2）现将每组生产者（5 个生产者）的报酬分为四个等级：40 元（1名）、30 元（1名）、20 元（1名）、15 元（2名），四位认证者的报酬分为四个等级：50 元（1名）、40 元（1名）、30 元（1名）、20 元（1名），实验结束后根据你的实验币总和排名支付报酬。

三、实验参与者决策表格

生产者：

第一步：请选择生产食品类型及监管应对决策（见表 11）。

表 11   **生产者应对决策表**

生产者:		
生产类型 （销售利润）	A 类: 50	B 类: 90
监管应对	—	不分利（$t'=0$）　　或分利（t'）: $t' =$

第二步：记录自己的生产选择，并根据组织者的通报记录认证者及外部监管者的决策，根据行为组合查看表 9（或表 10 简化版）的计算方法，计算本期收益（见表 12）。请注意：（1）只有生产了 B 类食品才需要填写监管应对及分利成功/失败，$t' \geqslant t$ 则分利成功；$t' < t$ 则分利失败（如果认证者有效监管，就不需要考虑分利成功或失败的问题）；（2）只有生产了 B 类产品且认证者没有进行有效监管（不取消安全认证食品标识使用资格）才需要考虑外部监管，其他情况下只进行记录，不需要考虑。

表 12   **生产者本期收益计算表**

认证者	监管			不监管
	针对不符合安全认证标准食品（B 类）			—
	取消安全认证食品标识 使用资格且罚款	不取消		
		分利（t）	罚款（s）	
认证者监管选择				
生产者生产类型 （销售利润）	A 类: 50		B 类: 90	
生产者监管应对	不分利（$t'=0$）:		或分利（t'）: $t' =$	
分利失败/成功情况	分利失败		分利成功	
最终监管者追责情况	A 类或未发现违规		B 类发现违规	
本轮收益 R				

注：生产者填写表格说明。第一步，生产者做出生产决策，勾选"生产者生产类型"一栏；第二步，若生产者生产类型勾选 B 类，则需要填写"生产者监管应对"一栏；第三步，记录"认证者监管选择"；第四步，根据认证者及生产者双方决策结果，判断"分利失败/成功情况"；第五步，记录"最终监管者抽检情况"；第六步，根据记录结果查看表 9，计算本轮收益。

认证者：

第一步：做出监管决策。请注意：（1）只有选择监管，并且不取消安全认证标识使用资格时，才需要填写 t 和 s、分利成功/失败；（2）t<80 且 s<80（t 表示你希望生产者至少支付多少，你会同意与生产者分利；如果生产者不寻求分利或不愿意支付足够高的分利金，即分利金 t′ 小于 t，则你对生产者采取罚款 s，关于 t 和 s 填写的额外说明：t 和 s 由你在取值范围内自行决定，请注意，你需要考虑生产者的反应，如果你的选择过于极端，那么可能影响下一轮中生产者的决策，从而影响你的收益）；（3）t′≥t 则分利成功；t′<t 则分利失败，H 为分利成功的生产者数，I 为分利失败的生产者数（如果生产者都生产 A 类食品，就不需要考虑分利成功/失败）。

第二步：记录生产者选择及外部监管者决策（前 10 期不用考虑），根据行为组合查看表 7（或表 8 简化版）的计算方法，计算本期收益（见表 13）。

表 13　　　　　　　　　　　　认证者本轮收益计算表

认证者	监管			不监管
	针对不符合安全认证标准食品（B 类）			—
	取消安全认证食品标识使用资格且罚款	不取消		
		分利（t）	罚款（s）	
认证者监管行为				
生产者生产类型	A 类：		B 类：	
生产者监管应对	不分利（t′=0）：		或分利（t′）：	
分利失败/成功情况	分利失败 I =		分利成功 H =	
最终监管者追责情况	A 类或不能追责		B 类发现违规并能追责	
本轮收益 Y				

注：认证者填写表格说明。第一步，认证者做出监管决策，勾选或填写"认证者监管行为"一栏；第二步，记录"生产者生产类型"及"生产者监管应对"；第三步，根据认证者及生产者双方决策结果，统计"分利失败/成功情况"；第四步，记录"最终监管者追责情况"；第五步，根据记录结果查看表 7，计算本轮收益。